U0193227

$v_t^2 - v_0^2 = 2gh$

$W = Fs\cos\alpha$

$h = \frac{gt^2}{2}$

$\frac{Gm_1m_2}{r^2} = F$

$W = Fs\cos\alpha$

$v_t^2 - v_0^2 = 2gh$

$W = Fs\cos\alpha$

$h = \frac{gt^2}{2}$

$\frac{Gm_1m_2}{r^2} = F$

少年知道

趣味力学

〔苏〕雅科夫·伊西达洛维奇·别莱利曼 著
王鑫淼 译

中国致公出版社

少年知道

全世界都是你的课堂

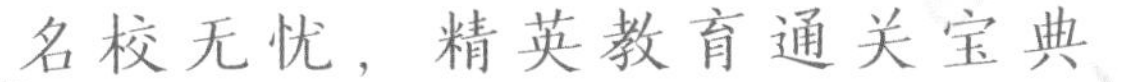

名校无忧，精英教育通关宝典

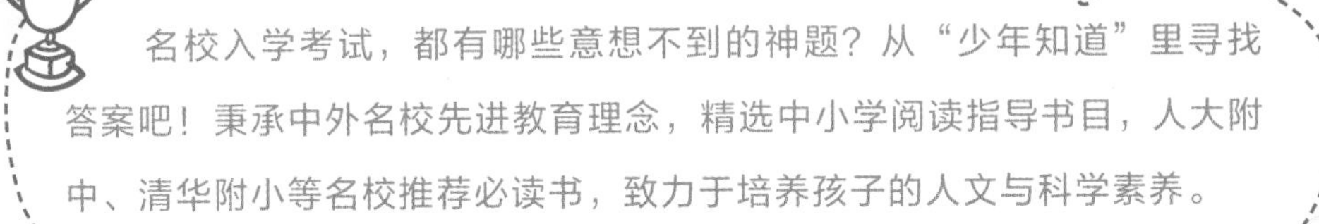

名校入学考试，都有哪些意想不到的神题？从“少年知道”里寻找答案吧！秉承中外名校先进教育理念，精选中小学阅读指导书目，人大附中、清华附小等名校推荐必读书，致力于培养孩子的人文与科学素养。

自带学霸笔记，让学习更有效率

为什么读同一本书，学霸从书中学的更多？“少年知道”帮你总结学霸笔记！每本总结十个青少年必知必会的深度问题，可参与线上互动问答，内容复杂的图书更有独家思维导图详解。

拒绝枯燥，每本书都是一场有趣的知识旅行

全明星画师匠心手绘插图，从微观粒子到浩瀚星空，从生命起源到社会运转，寻幽探隐，上天入地，让全世界都成为你的课堂。

这些有趣的知识，你知道吗？

本书为了激发孩子的阅读兴趣，享受阅读，特别提供了以下资源服务：

微信扫码，趣味学知识

★本书音频 少年爱问互动问答，帮你巩固所学。

★阅读打卡 每天阅读打卡，辅助培养阅读好习惯。

★专属社群 入群与同学们分享你的读书心得与感悟。

★线上博物馆 你想去世界顶级博物馆里一探究竟吗？

★趣味实验室 你知道这些实验背后的原理吗？

★科学家故事 你认识那些改变世界的科学家吗？

少年爱问

趣味力学

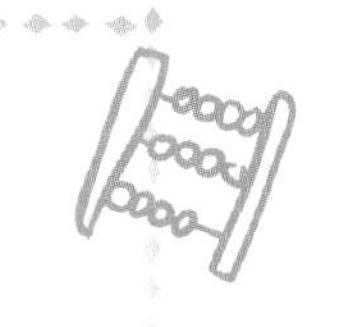

1. 什么是惯性定律?

2. 我们可以推动地球吗?

3. 河水能否流向高处?

4. 火车可以飞跃断桥吗?

5. 溪流为什么是蜿蜒流淌的?

6. “胸口碎大石”的奥秘是什么?

7. 头发丝比金属丝更坚韧?

8. 如何计算物体所做的功?

9. 什么情况下雨水将你淋得更湿?

10. 树木为什么无法长到天上去?

$v_t^2 - v_0^2 = 2gh$

$W = Fs\cos\alpha$

$h = \frac{gt^2}{2}$

$\frac{Gm_1m_2}{r^2} = F$

$W = Fs\cos\alpha$

$v_t^2 - v_0^2 = 2gh$

$h = \frac{gt^2}{2}$

$W = Fs\cos\alpha$

$\frac{Gm_1m_2}{r^2} = F$

自　序

很遗憾，我国物理知识的普及性与这门科学的重要性十分不符。一般来说，人们对物理学的基础部分——力学和其他与运动和力有关的学说不够了解。但亚里士多德说过："不了解运动，就不了解自然。"

虽然在《趣味物理学》中我已经用了许多篇幅来介绍力学问题，但我认为，仍然有必要用同样的方式单独出一本阐述力学的书籍。

在编写《趣味力学》的过程中，我始终认为，在没有弄清楚一门学科最基础的学问之前，不宜向读者介绍最新的科学成就。当然，这本书在阐述观点的过程中，也并没有体现出做学术研究应有的系统性。

想必读者已经掌握了一些力学知识，哪怕是隐约学过或几乎忘记的知识。在此基础上，本书试图为那些对该领域感兴趣的读者分析阐明一系列力学问题。本书不追求讲清楚力学知识的所有分支，因为许多问题无法归类，部分问题也是点到为止。《趣味力学》的目的是唤醒人们沉睡的思想，培养他们对力学研究的兴趣，从而让感兴趣的读者自己去挖掘和获取未知的信息。

与许多畅销书不同，《趣味力学》一书包含了数学计算。我知道，人们并不喜欢数学计算。然而我没有回避这一部分，因为我明白，不经计算而获得的物理学知识是没有说服力的，也是靠不住的。如果绕过基本计算的过程，无法想象人们能从物理学，特别是从力学中获得什么有用而可靠的信息。

在《查士丁尼法典》中，有一条法律把“恶棍和数学家”归为一类人。由于这条法律的存在，“数学活动被视为一种罪行，并且被无条件地禁止”。当今社会，数学家并没有被当作恶人，但他们创造的“艺术”却被莫名其妙地从畅销书的行列中抹去了。我不看好这种现象。在学校里，我们花了整整几年的时间学习数学，不是为了在需要它的时候把它扔在一旁。《趣味力学》一书在任何需要使问题精确化的地方都会诉诸计算。这里我要补充一点，本书中有关数学的“恶行”都在中小学课程的知识范围内。

在编写本书的过程中，我们从各处吸收了大量素材。这不是一本教科书，而是一本通俗易懂的科普书，目的是通过趣味性的比较来提高人们对这门学科的兴趣。同时，书中的一些例子与力学应用与技术问题有关，还有的例子是讲述力学应用于体育运动、杂技表演等意想不到的领域。书籍撰写本就不应该千篇一律，而应该让读者朋友们都觉得有趣。

这里顺便提醒一下，《查士丁尼法典》中的数学家指的是粗鄙的算命先生、不择手段的赌徒和其他“经验丰富的骗子”。

contents

目录

第一章 力学基本原理

第二章 运动与力学

第三章 重力现象

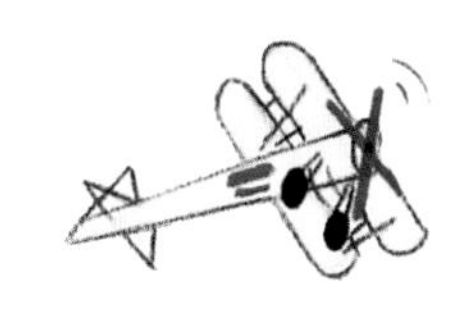

第四章 下落与抛掷

第五章 圆周运动

第六章 碰撞现象

第七章 关于强度的一些问题

第八章 功、功率与能

第九章 摩擦力与介质阻力

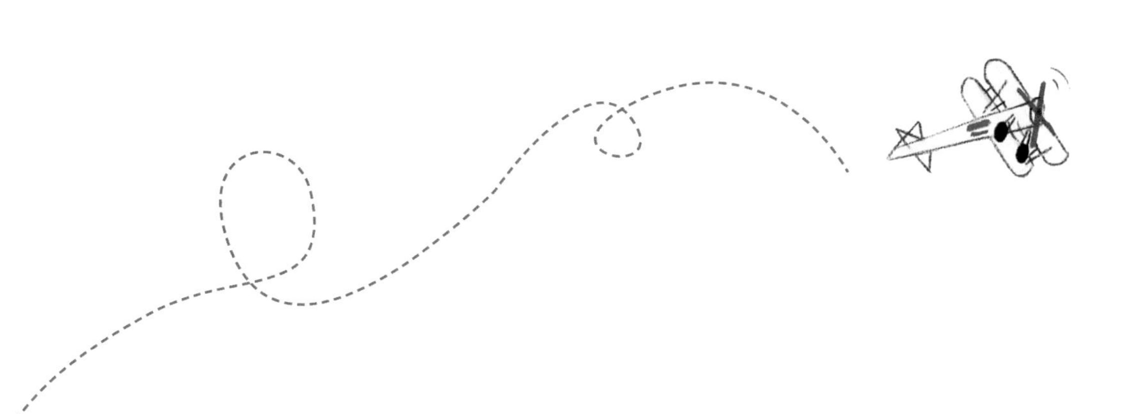

第十章 自然界中的力学

第一章

力学基本原理

$v_t^2 - v_0^2 = 2gh$

$W = Fs\cos\alpha$

$h = \frac{gt^2}{2}$

$W = Fs\cos\alpha$

$\frac{Gm_1m_2}{r^2} = F$

两个鸡蛋的实验

如图 1 所示，两手各持一个鸡蛋，用其中一个撞击另外一个。两个鸡蛋的坚固程度一样，且撞击区域相同。那么，它们中的哪一个会被撞碎？是被撞击的那一个，还是主动撞击的那一个？

图 1 哪个鸡蛋会碎？

这个问题由美国《科学与发明》杂志提了出来。该杂志认为，根据经验，在大多数时候，“运动的鸡蛋”，也就是说，主动撞击的那个会被撞碎。

该杂志是这么解释的：“鸡蛋的外壳是曲面的。当敲击一个静止的鸡蛋时，所施加的压力从外部作用在它的外壳上。众所周知，像任何拱形物体一样，鸡蛋外壳能够很好地承受来自外部的压力。但当力作用于运动中的鸡蛋时，情况正好相反。在碰撞的瞬间，鸡蛋的内容物（蛋白和蛋黄）会给蛋壳一个由内向外的力。拱形物体对内部压力的承受能力要比外部压力弱得多，所以主动撞击的那枚鸡蛋会破碎。”

当这个问题在列宁格勒[①]的畅销报纸上被提出来时，人们给的答案可谓是五花八门。

① 俄罗斯城市圣彼得堡的旧称。

有人认为主动撞击的那个鸡蛋肯定会碎，有人则认为主动撞击的那个鸡蛋不会碎。这两个观点看起来似乎同样合理，但都存在根本性错误！通过推理，根本无法确定哪个鸡蛋一定会破碎，因为主动撞击的鸡蛋和被撞击的鸡蛋之间没有任何区别。不能说主动撞击的鸡蛋是运动的，而被撞击的鸡蛋没有在运动。运动与否由什么决定呢？大家都知道，对地球来说，地球本身就在各个星球间移动，并且做着数十种不同的运动。所以，对于被撞击的鸡蛋和主动撞击的鸡蛋来说，它们都在运动，并且谁也不能断言，它们中哪一个在星球间移动得更快。或许，要想根据运动和静止的特征来预测鸡蛋的命运，就必须翻开整部天文学著作，确定每一个相互撞击的鸡蛋的运动相对于恒星的关系。但即使这样也无济于事，因为某些可见的恒星也在移动，甚至它们的整体——银河系，相对于其他星系来说也在移动。

说到这里，我们发现，两个鸡蛋的问题已经被我们引到浩瀚的宇宙了。但是问题并没有得到解决。因为这场“星际旅行”让我们明白，如果没有一个物体做参照物，谈物体的运动是没有任何意义的。但我们分析问题的方向是正确的。我们明白了这样一个道理：单个物体的运动没有意义，运动至少相对于两个物体而言；二者要么相互靠近，要么相互远离。这两个相互撞击的鸡蛋处于同一个运动的状态，那就是相互靠近。这是我们对于它们运动状态的全部认识。但二者相互碰撞的结果，跟两个鸡蛋中到底哪个静止、哪个运动没有任何关系①。

早在三百多年前，伽利略首次发现了匀速运动和静止的相对性。这个“经典力学的相对性原理”不应与爱因斯坦的“相对性原理”混为一谈。后者是19世纪初才提出来的，是前者进一步发展的结果。

① 需要指出的是，地球上相互撞击的物体其实并不是孤立的。例如，假设给一个物体一个速度，使空气阻力对它的破坏力大于撞击力，那么情况就变得复杂了。

木马旅行记

根据前面的分析，我们得知，如果一个物体静止不动，它周围的环境都在向后做匀速直线运动，那么我们就无法区分这个物体是在做匀速直线运动还是处于静止状态。二者从本质上来说没有什么不同。因为，“周围的物体静止，物体做匀速运动”与“物体静止，周围的物体反向做匀速运动”是一样的。严格来讲，我们应该这样说：物体和周围的环境彼此在做相对运动。即使到了今天，如果没有学过力学和物理学，许多人还是无法认识到这一点。不过，对于《堂吉诃德》的作者塞万提斯来说，这已经不是什么稀奇事了。他出生于四百多年前，并没有读过伽利略的著作。在他的一部作品中描述了一名骑士和他的侍从在木马上旅行的场景，其中一段有趣的情节是这样的：

主人公堂吉诃德在和他的侍从骑木马旅行时，有人对他这么说：“你们骑上木马后，只需要做一件事，就是旋动木马脖子上的机关。然后它会飞起来，带你们前往心仪之地——玛朗布鲁诺。但是为了避免头晕，你们需要蒙上眼睛。”

于是，两个人把眼睛蒙了起来。堂吉诃德扭动了机关。

过了一会儿，骑堂吉诃德感觉木马仿佛真的在飞驰，简直比射出去的箭还要快。

堂吉诃德对侍从说：“我发誓，我一生中从来没有骑过如此平稳的坐骑。我感觉周围的一切都在动，风也在吹。”

“是的！”侍从桑丘说道，“我感觉这边的风很大，就像有1000个风箱在吹似的。”

实际上，确实有几个大的风箱一直朝着他们吹风。

塞万提斯笔下的木马，其实就是我们在展览会和游乐园里经常看到的游乐设施的原型。

常识与力学

很多人习惯上认为，静止与运动是相对立的，就像天与地、火与水一样，而这并不影响他们在火车上过夜。为什么这么说呢？火车上的人并不担心火车是停在站台上还是行驶在铁轨上。虽然，在理论上，他们从来不认为飞驰的火车是静止的，且火车底下的铁轨以及周围的一切景物正往相反的方向运动。

“根据常识判断，火车司机会认同这个观点吗？”对此，爱因斯坦也产生了疑问，他认为，“司机肯定会提出异议，他只负责让火车运转，而不用管周围的景物。所以司机会认为，运动的是火车，而不是别的”。

乍一看，这个论点似乎有理有据。但是，请读者朋友想象一下，如果铁路轨道沿着赤道铺设，让火车逆着地球的自转方向向西飞驰，那么，周围的景物看起来就像是迎着火车“跑来”。或者说，火车向前行驶，只是为了不必和它们一样向后运动。更确切地说，是为了不必那么快地向东运动（地球自转方向是自西向东）。如果司机想让火车完全不参与地球自转，那么他应该使火车的行驶速度达到地球自转速度。

然而，这样快的蒸汽火车是找不到的，只有喷气式飞机才能达到这个速度。

只要火车完全保持匀速运动，就不可能判断出火车和周围的景物哪一个是运动的，哪一个是静止的。这是由物质世界的构造决定的。不论在什么时间点，一个物体究竟是在匀速运动还是保持静止，都不是绝对的。我们只能判断，一个物体相对于另一个物体在做匀速运动。对于观察者来说，即使参与了某个物体的匀速运动，也不会影响观察物理现象和物体的运动规律。

轮船上的决斗

在某些情况下，相对论也不一定完全适用。我们假设这样一种情形：在一艘正在行驶的轮船上，两名射手站在甲板上，互相用枪瞄准了对方（如图2）。对于两名射手来说，他们的条件是否完全相同呢？背对着船头的那名射手难道不会抱怨说，他射出去的子弹飞得比对手的要慢吗？

图2 哪个射手的子弹最先射到对手身上？

客观来讲，如果以海面作为参照物，跟静止不动的状态相比，背对船头的射手射出去的子弹由于运动方向与船体运动方向相反，是要飞得慢一些，而站在船尾处的射手射出去的子弹飞得快一些。但是这对两名射手的决斗没有任何影响。因为背对船头的射手射出去的子弹在运动过程中，它的靶标，也就是站在船尾处的射手也正在向子弹靠近。这样一来，在船体匀速运动的情况下，这颗子弹速度慢的劣势正好被移动靶标速度快的优势所弥补；同样，从船尾射出去的子弹却是在“追赶”船头的靶标，子弹增快的速度与靶标减慢的速度正好相抵，子弹速度快的优势就不存在了。

最终的结果就是，对于子弹的靶标来说，这两颗子弹的运动状态与在静

止不动的船上是一样的。

这里需要补充一下，以上所说的情况只适用于匀速直线行驶的船。

伽利略在他的一部著作中首次讨论了经典相对论的问题。这本书还差点把他送上宗教裁判所的火堆上烧死。我们来看看书中的一个片段：

> 假设你和一个朋友被关一艘大船甲板下面的一间宽阔而封闭的房间里。如果船正在匀速行驶，那么你和他将无法判断船是在行驶还是处于静止状态。要是你们在船上进行跳远，那么你们跳出的距离和在静止的船上跳出的距离相等。你们不会因为船正在快速行驶而向船尾跳出更远的距离，或者是向船头跳出更近的距离。而且，如果你往船尾方向跳，在你腾空而起的时候，身下的地板一定是往船头方向移动了一部分，但是这对你并没有什么影响。如果你站在船尾向站在船头的朋友扔一件物品，你也不必花费更大的力气。反过来也是如此，你花费的力气不会因为船的行驶而有任何变化。同样的道理，苍蝇可以在房间里四处飞，不会因为船向前行驶而靠近船尾，而是跟在静止的船上一样。

现在我们可以对经典相对论的概念做出解释了：“在任何一个系统中，不论这个系统处于静止状态，还是相对于地球表面做匀速直线运动，系统内物体的运动特性不会有任何不同。”

风洞实验

根据经典相对论原理，我们常常会把运动视为静止，把静止视为运动，这样有助于我们分析和解决问题。

为了研究空气阻力对飞机或汽车的影响，我们通常研究与它们“相反”的现象，也就是说，运动的气流对静止状态下的飞机或汽车产生的影响。我们在实验室安装一个很大的空气动力管（如图 3），使其产生一股强大的气流。然后我们来研究气流对静止悬浮状态下的飞机或汽车模型的影响。最后得出的实验结果与实际情况下的结果是一样的。虽然，在现实情况下，空气是静止的，而飞机或汽车是在空气中高速行驶的。

如今，我们已经有了很多规模非常大的风洞，不仅可以放下缩小后的模型，还可以放下实际大小的带有螺旋桨的飞机或中等大小的汽车。而且，在风洞中空气的速度甚至可以达到音速。

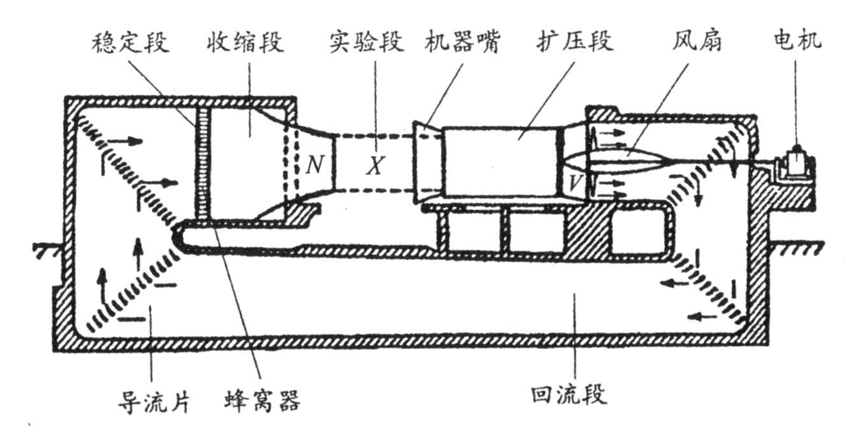

图 3 风洞的纵向剖面图。机翼或飞机的模型悬浮在注有 X 标记的工作段内，空气在风机 V 的作用下沿箭头所指的方向移动，通过狭窄的喷嘴进入工作舱内，然后再被吸入风洞

如何给疾驰的火车加水

还有一个非常著名的经典相对论的应用案例。该案例与火车有关。我们知道，火车车头后面常挂有一节装有煤和水的车厢。有时在火车全速前进的时候也可以往车厢加水。它的工作原理很简单，并且十分巧妙，那就是把正常的现象反过来研究。

如果将一个向下弯曲的管道放入水中，管道下方的口与水流方向相对，流到管子里的水就会进入这根被称为“毕托管”的管道中，而且管内水面高度比水平面高出一个 H①值，这个高度是由水流速度决定的。水流越快，管中水面越高。于是，铁路工程师想到了一个办法：他们在静止的水池中放置一根可以移动的弯曲的水管，管内的水就会上升到水池水位之上。这里就是用静止代替了运动，用运动代替了静止。当火车经过一个车站时，火车的煤水车厢需要在火车不停下来的情况下汲水，于是人们在铁轨之间设计了一条水槽(如图 4)，并将一根开口朝向火车运动方向的弧形管道从煤水车厢底部伸入水槽。这样，水槽里的水会顺着弯曲的管道流入快速行驶的列车车厢里（图 4，右上）。

那么，用这种原始的方式可以将水位提升多少呢？这就涉及另一门学科——水力学了。水力学专门研究液体的运动规律。毕托管中的水能够达到的高度等于在这个速度的水流中，把一个物体竖直向上抛起所能达到的高度；如果忽略摩擦、旋转等因素带来的能量损失，那么这个高度可以用下面的公式来表示：

$$H=\frac{v^2}{2g}$$

① 编者注：本书所有字母、单位均和俄文原版保持一致。

图 4 蒸汽机车在全速行驶的过程中汲水。两条铁轨中间有一条长长的水槽，从煤水车厢伸出一根“毕托管”浸入水槽中。左上图展示的就是一根“毕托管”。当它被浸入流动的水槽中时，管中的水位会自动上升至水槽的水位之上。右上图应用了“毕托管”向行驶中的火车煤水车厢注水，同时火车从右至左运动

其中 v 表示水流的速度，g 是重力加速度，一般为 9.8 米 / 平方秒。在我们的案例中，水流和管道的相对速度等于火车的速度。假设火车速度是 10 千米 / 秒，那么，v = 9.8 米 / 平方秒。因此，毕托管内水面的高度为：

$$H=\frac{v^2}{2g}=\frac{10^2}{2\times9.8}\approx5$$

由此可见，即使由于摩擦力或其他因素造成了一定的能量损失，也没有关系。毕托管内水面上升到这个高度，足够给火车的煤水车厢加水了。

什么是惯性定律？

根据前文的介绍，我们认识了运动的相对性原理，现在对运动产生的原因，也就是力的作用，进行一下说明。我们来看力的独立作用定律：一个力作用于物体时，与这个物体本身处于静止状态还是运动状态无关，与作用在这个物体上的其他力也无关。

在经典力学领域，牛顿三定律是基础。其中，牛顿第二定律可以推导出上面这个定律。在牛顿三定律中，惯性定律是第一定律，作用力和反作用力相等是第三定律。

在下一章节中，我们会详细讨论牛顿第二定律。这里为了方便讨论，我们先简要对牛顿第二定律进行讲解。这一定律讲的是：速度的变化是以加速度来衡量的，它的大小与作用力成正比，方向与作用力相同。因此，该定律可以用下面这个公式来表达：

$$\boldsymbol{F}=ma$$

其中，F 是作用在物体上的力，m 是物体的质量，a 是物体运动的加速度。可见，在这个公式中一共有三个量。其中，质量是最难理解的。有不少人把它与重力相混淆。但事实上，质量与重力完全不同。不同的物体在同一外力的作用下，可以通过它们获得的加速度来比较它们的质量。根据上面的公式可以得出，在同一个外力的作用下，物体获得的加速度越少，它的质量就越大。

如果读者朋友没有学过物理学，可能会得出与惯性定律相反的结论。但是惯性定律是力学三大定律中最容易理解的[①]。即便如此，有的人还是会产生

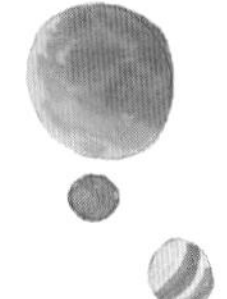

① 这里的观点认为，一个匀速直线运动的物体不会受到任何力量的驱使。人们常常以为，物体一旦处于运动状态，一定有一种力量在维持它这种运动，而当这种力量被移除时，运动就必须停止，这是错误的。

误解。比如，惯性经常被认为是“物体在受到外力前所保持的状态”。这种惯常的解释是用因果关系定律代替了惯性定律。也就是说，如果没有“原因”，物体就不会改变它最初的状态。然而，真正的惯性定律不是针对物体所处的所有状态而言，而是仅仅指静止和运动两种状态。

实际上，惯性定律是这样规定的：对于一切物体来说，在没有受到外力作用之前，会始终保持静止或匀速直线运动状态。

也就是说，如果一个物体出现以下三种情况：

· 突然进入运动状态；

· 物体从直线运动变为非直线运动或曲线运动；

· 运动状态停止，变慢或变快。

我们都可以得出相同的结论：这个物体受到了外力的作用。

如果这个物体没有出现上述三种情况，不论物体的运动速度有多快，都不会有外力作用在这个物体上。需要特别注意的是，正在做匀速直线运动的物体也是没有受到外力作用的，或者说，所有作用在这个物体上的力是相互平衡的。这一观点与古代以及中世纪（伽利略之前的时期）的思想家的观念不同，这就是现代力学的区别。有时候，惯性思维和科学思维确实会相差很大。

对于以上内容，我们还需要补充一点：静止物体所受到的摩擦力也属于外力。尽管摩擦力不能使物体运动，但是它可以阻碍物体的运动。

再强调一点，物体并不是趋于保持静止状态，而是仅仅保持在静止状态。这二者的区别就好比一个特别不爱出门的人和一个很少在家，因为一点儿小事便要出门的人。物体本身并不是一个“不爱出门的人”，相反，它更像是一个灵活好动的人。哪怕是一个最不起眼的力量，也能让它从静止变为运动。所以，并不能说物体趋于保持静止状态。物体在脱离了静止状态后，不会自己回到静止状态，而是在此前所给的微小的力的作用下保持运动状态。

还有一种常见的错误说法认为：物体会抗拒作用在它身上的力。这个说法明显是不对的。难道我们在给杯子里的茶加糖的时候，茶水会有阻碍作用吗？

许多与惯性定律有关的说法都是不严谨的。很大一部分是因为一个不经意的词语——“倾向于”。这三个字经常出现在物理学和力学的课本中，是学生对惯性产生误解的来源。这种说法不利于正确理解牛顿第三定律。我们下面要谈论的正是这个定律。

作用力和反作用力

当你打开一扇门的时候，你会拉住把手把门拉向自己。通过手臂上肌肉的收缩，使门靠近自己的身体。此时，门也会产生同样大小的力，把门与我们的身体互相拉近。在这种情况下，门与我们的身体之间一共有两个力发生作用：一个作用在门上，一个作用在我们的身体上。同样的道理，如果我们用力把门推开，也会产生一个力把我们的身体和门分开。

刚才，我们提到了肌肉的力量。从本质上来说，这个力和其他力并没有什么不同，都会对物体产生作用，只不过力的来源不一样。对每个力来说，它都会向两个完全相反的方向发生作用，且分别作用在发力的物体和受力的物体上。以上简短的表述基本解释了“作用力等于反作用力”的含义。

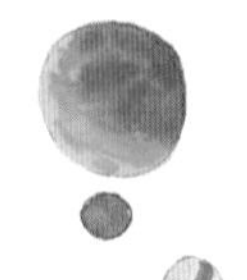

这就是牛顿第三定律。定律规定：在宇宙中，所有的力都是成对存在的。每当一个力发生作用，在某一个地方一定有另外一个大小相等但是方向相反的力。这两个力在两个点之间同时发挥作用，使它们相互靠近或远离。

下面，我们来看一下图5。图中，用手横向拉扯一只悬挂重物的气球。那么，气球下方一共有三个力：分别是气球的拉力 P、手持绳索的拉力 Q 以及挂坠的重力 R。这些力看起来像是独立存在的。而实际上，对于这三个力来说，都存在另一个与它们大小相等但方向相反的力。具体来讲，对于气球的拉力 P 来说，存在一个加在拴气球的线上的力 P_1；对于用手拴住的绳子的牵引力 Q 来说，存在一个加在手上的力 Q_1；对于挂坠的重力 R 来说，存在一个对地球的引力 R_1。这是因为，挂坠受到地球吸引的同时，也会吸引地球。图6标出了这几个力。

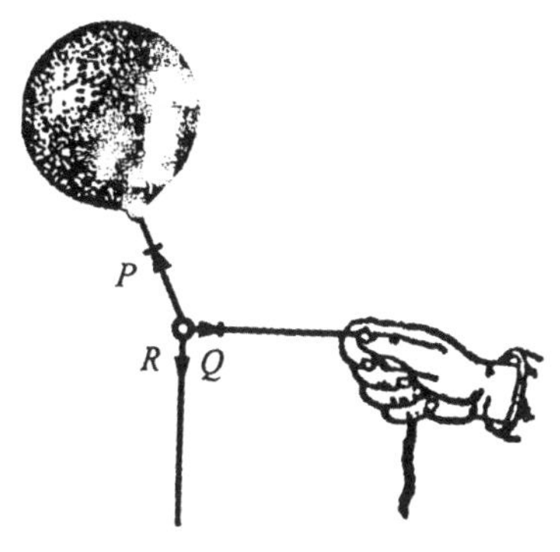

图5 P、Q、R 是作用在气球下方挂坠上的力，请问，它们的反作用力在哪里？

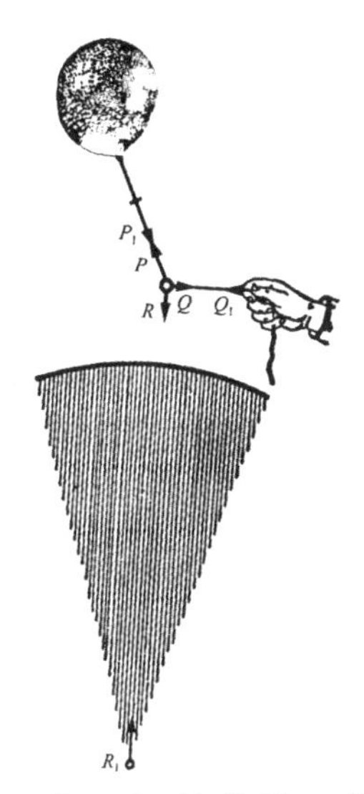

图6 P_1、Q_1、R_1 就是图5所说的反作用力

还有一个问题，我们可以思考一下。当我们往一条绳子的两端分别施加一个1千克的拉力，两个力的方向相反。那么，这根绳子的张力是多大？这个问题仿佛就在问一张10分的邮票面值是多少一样。答案就藏在问题中间：绳子的张力也是1千克。“绳子两端各有1千克的力”和“绳子的张力是1千克”表达的意思是一样的。毕竟除了这两个方向相反的力外，根本不存在其他的张力。如果没有考虑到这一点，不免会得出错误的结论。下面我们来举一些例子。

两匹马的拉力实验

【题目】如图 7 所示，两匹马分别以 100 千克的力反方向拉一个弹簧秤，那么弹簧秤的读数是多少？

图 7 两匹马分别以 100 千克的力拉一个弹簧秤，那么弹簧秤的读数是多少？

【解答】很多人可能会说：100 + 100 = 200 千克。这个答案显然是不正确的。根据上一节的分析，两匹马分别以 100 千克的力拉这个弹簧秤，产生的张力依然是 100 千克，而不是 200 千克。

因此，按照同样的道理，当分别用 8 匹马反方向拉一个马格德堡半球，半球受到的拉力不应该是 16 匹马的力量，而是 8 匹马的力量。如果其中一个方向的 8 匹马不存在，那么另一边的 8 匹马也无法发挥任何作用。但是，如果用一堵牢固的墙代替其中一边的 8 匹马，那么另外一边的 8 匹马就可以发挥作用，并得到一致的结果。

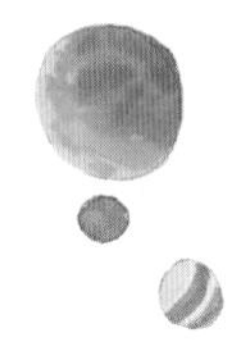

哪艘船先靠岸？

【题目】两艘完全相同的船正向湖边的码头靠近（如图8）。船上各有一名船夫，他们正试图用一根绳子把船拉向码头。二者不同之处在于，其中一艘船将绳子的一端系在码头上；另一艘船将绳子的一端握在码头工人的手中，同时这名工人也在用力拉绳子。

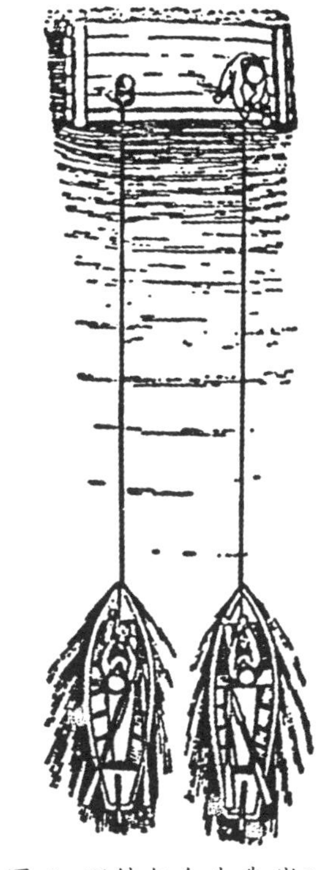

图8 哪艘船会先靠岸？

假设三个人用的力气是一样的。那么哪艘船会先靠岸？

【解答】乍一看这个题目，我们很容易会认为，有两个人发力的那艘船会先靠岸，毕竟两个人一起拉，力气会大一些，船的速度也会更快。然而，在这艘船上真的有两个力在施加作用吗？

如果船夫和工人都在用力拉绳子，那么绳子的力量只相当于他们中一个人的力量。换句话说，这与第一艘船的情况是相同的。所以，两艘船以同样的力量被拉向码头，并且同时靠岸。①

---

① 有的读者并不同意这个结论，而是提出了另一种观点：要想让船靠岸，每个人都需要用力收绳子。在相同的时间内，两个人自然会收起更长的绳子。因此应该是右边的船先靠岸。你认为哪个观点正确呢？

这个简单的论点虽然看似毫无争议，但实际上是错误的。要想使船产生双倍的速度，两个人都需要用更大的力量来拉船。只有这样，他们才能拉回两倍于单人的绳子，否则他们从哪里得到多余的绳子呢？但问题中规定，“三个人用的力气是一样的”，所以无论两个人如何努力，他们都无法拉回比一个人更多的绳子，毕竟绳子的张力是一样的。

人和机车行进之谜

我们在日常生活中经常遇到这样一种情况：作用力和反作用力施加在同一个物体的不同部分上。肌肉的张力或蒸汽机车汽缸中的蒸汽压力就是如此。它们被称为“内力”。内力具有以下特点：通过物体自身相互连接的部分进行传导，使得各部分的相对位置发生改变，但却不能使物体各部分做同一项运动。比如，当我们用步枪射击时，火药产生的气体压力朝一个方向发挥作用，将子弹向前弹出。同时，火药气体的反作用力使枪支朝相反的方向移动。作为一种内力，火药产生的气体压力不能同时将子弹和步枪向前推进。

既然内力无法使物体各个部分进行同一项运动，那么当我们步行时，又是如何运动的呢？蒸汽机车又是如何行驶的？有人可能会说，行人靠的是脚对地面的摩擦力，而蒸汽机车靠的是车轮对铁轨的摩擦力，但这个回答仍然不能解决这个谜题。当然，摩擦力对于行人和机车的运动来说不可或缺。众所周知，人不能在非常光滑的冰面上行走；蒸汽机车也不能在湿滑的铁轨（例如，在结冰的情况下）上顺利前行，这个时候，不管机车的车轮如何转动，机车都不会向前移动。之前我们探讨过，摩擦力使现有的运动变慢，那它是如何帮助行人或蒸汽机车移动的呢？

这个问题其实很简单。两个同时作用的内力并不能使物体运动，因为这两个力只能使物体的各个部分靠近或远离。但如果存在第三个力，情况就会不同了。因为第三个力可以平衡或削弱其中一个内力的作用，另一个内力就会推动物体前进。摩擦力就是这里所说的第三个力。正是有了它的存在，其中一个内力的作用被削弱了，另一个内力才能够推动物体前进。

想象一下，如果你站在一个非常光滑的表面（比如冰面）上，努力地迈出你的右脚，想要向前运动。按照作用力与反作用力平等的定律，此时，内力开始在你身体的各部分之间发挥作用。这些力有很多，但它们整体约等于两个作用在脚上的力：如图 9 所示，其中有一个力 F_1 将右脚向前推进，而另一个力 F_2 与 F_1 大小相等且方向相反，将左脚向后推。这两个力作用的结果会让你的两只脚同时移动，一只向前，一只向后，而你身体的重心始终保持在原地。如果将你的左脚放在粗糙的地面（比如，脚下的冰面被撒上了沙子）上，情况将有所不同。此时，作用在左脚上的力 F_2 将会被作用在左脚底的摩擦力 F_3 所抵消（完全或部分）。施加在右脚上的力 F_2 将使右脚向前移动，整个身体的重心也将随之向前移动。实际上，当我们走路时，通常会将一只脚向前抬起，从而消除了这只脚与地面之间的摩擦力。而第二只脚受到摩擦力的作用，可以防止这只脚向后滑动。

对于蒸汽机车来说，问题要更复杂一些。但蒸汽机车的问题也可以被简化为：施加在机车驱动轮上的摩擦力平衡了其中一个内力，从而使另一个力能够推动蒸汽机车前进。

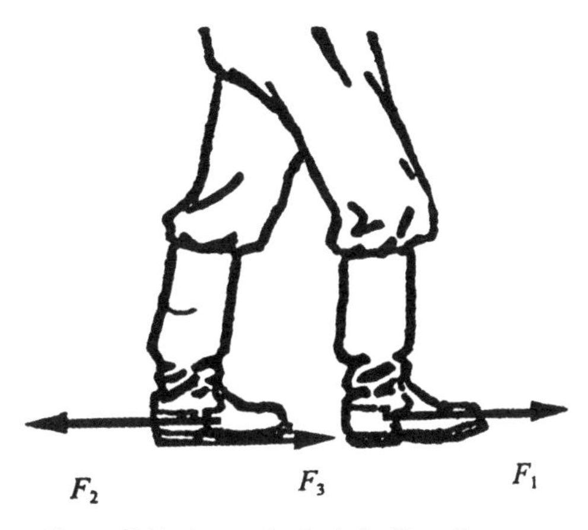

图 9 摩擦力 F_3 使移动变得可能

奇怪的铅笔

如图 10 所示，取一支长长的铅笔放在两根水平伸展的食指上面。现在将你的两根手指相互靠近，在这个过程中使铅笔保持水平。你会发现，铅笔会先往一根手指的方向滑动，然后又往另一根手指的方向滑动，且不断交替。如果用一根长长的木棒代替铅笔，交替滑动的次数会更多。

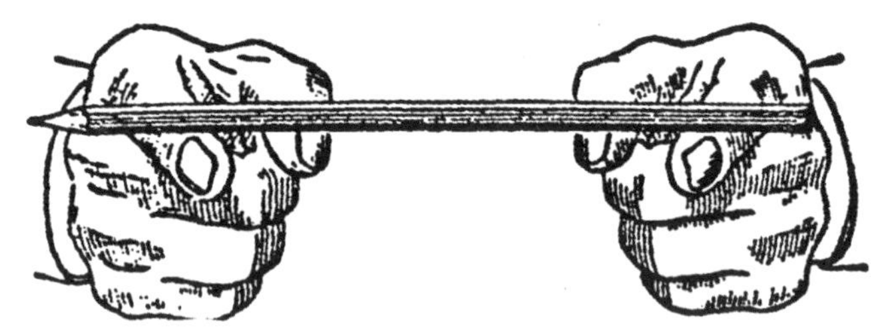

图 10 当两根手指相互靠近时，铅笔会轮流朝两边的方向移动

如何解释这种奇怪的现象呢?

要解释这种现象需要用到两个定律。第一个定律是：当物体滑动时，它受到的摩擦力要比它在静止状态下受到的摩擦力小。第二个定律是库仑 - 阿蒙顿定律，即当物体开始滑动时，摩擦力 T 等于一个系数 f 乘以物体施加在这个点上的压力 N。这一规律可以用以下公式来表达：

$$T = f \cdot N$$

其中，系数 f 表示相互摩擦的两个物体的特征。

现在，让我们尝试用这两个定律来解释一下刚才的现象。铅笔虽然架在两根手指上，但它对两根手指的压力不是完全相等的。其中，一定有一根手指受到的压力大一些。这一点我们可以从库仑 - 阿蒙顿定律中得出。这时，摩擦力会阻碍铅笔在压力较大的手指上移动。当两根手指相互靠近，铅笔的重心会发生偏移，往刚才滑动的支点靠近，从而使这个支点的压力增加。但在滑动过程中，摩擦力比静止状态时变小了，所以滑动会继续。当铅笔滑动了一会儿，滑动支点受到的压力增加到一定程度，大到和另一个支点受到的压力相等，铅笔就会停止移动。如果继续靠近手指，另一根手指将会成为新的滑动支点。然后，这一现象将重复发生，两个支点将交替变化。

“克服惯性”是怎么回事？

让我们在本章结束时再思考一个问题，这个现象常常引起人们的误会。我们经常听到或读到这样的观点：要想让一个静止的物体运动起来，首先必须“克服”这个物体本身的惯性。然而，我们知道，任何物体都不会抗拒作用在它上面的力。那么，为什么需要“克服惯性”呢？

“克服惯性”只不过是一种传统的表述。它表达的意思是：任何物体都需要一定的时间才能以一定的速度运动起来。即使是最大的力也不能使物体立即达到我们所需要的速度。即使物体的质量非常小，也是不可能的。我们可以用一个简短的公式来解释：$Ft = mv$。这一公式我们将在下一章进行讲解。一些读者可能对这个公式并不陌生。很明显，当时间 $t = 0$ 时，质量与速度的乘积也为零，而物体的质量 m 不可能为 0，因此速度 v 只能为零。换句话说，如果不给力 F 发挥作用的时间，它就不会给物体带来任何速度，更不用说产生任何运动了。如果物体本身的质量很大，那么力 F 需要作用较长的时间才能给物体带来明显的运动。对人们来说，物体没有立即开始运动，看起来像是在抵制力的作用。因此会产生一个错误的概念：一个力在使一个物体运动之前，必须“克服它的惯性或惰性（‘惯性’一词的字面意思）”。

火车的启动与匀速前进

有读者提出这样一个问题：“为什么在铁轨上启动一辆火车比保持其匀速前进难得多？”

人们可能还会补充道，这不仅更加困难，如果施加的力不够大，根本就不可能将其启动。要想在水平轨道上维持一辆空的货运火车的运动，在润滑良好的情况下，15 千克的力就足够了。可如果想启动它，可能需要至少 60 千克的力。

这是为什么呢？原因在于，要想使火车运动起来，必须在最初几秒钟给火车施加一个外力（这个力量相对较小），使火车达到一定的初速度；另一个原因在于，火车在静止和运动状态下的润滑条件不一样。在运动的开始阶段，润滑油还没有均匀地分布在整个轴承上，所以这个时候很难使火车动起来。但只要车轮转动起来，润滑条件就会大大改善，后面的运动就会变得越来越容易。

第二章

运动与力学

$v_t^2 - v_0^2 = 2gh$

$W = Fs\cos\alpha$

$\frac{Gm_1m_2}{r^2} = F$

力学的基本公式

在本书中，我们将不止一次用到力学公式。相信很多读者学习过力学知识，但已经忘记得差不多了。下表列出了一些重要公式，以便大家查阅。这个表格是比照毕达哥拉斯式乘法表排列的，两栏交汇处的表格的值，对应的是两个量的乘积。读者们可以在力学教科书中论证这些公式。

	速度 v	时间 t	质量 m	加速度 a	力 F
距离 S				$\frac{v^2}{2}$（匀加速运动）	功 $A=\frac{mv^2}{2}$
速度 v	$2aS$（匀加速运动）	距离 S（匀速运动）	冲量 Ft		功率 $W=\frac{A}{t}$
时间 t	距离 S（匀速运动）			速度 v	动量 mv
质量 m	冲量 Ft			力 F	

下面，我们通过几个例子来看看该表格的使用方法。

在匀速运动中，速度 v 与时间 t 的乘积等于距离 S，即：

$$S=vt$$

力 F 所做的功 A 等于这个力 F 与作用距离 S 的乘积。并且，功 A 还等于物体质量 m 与运动速度 v 的平方的乘积的一半：

$$A = FS = \frac{mv^2}{2}$$

需要指出的是，上述公式只有在力的方向与物体运动方向一致的情况下才成立。如果二者方向不一致，功 A 要用一个更加复杂的公式来表示：

$$A = FS\cos\alpha$$

α 表示力的方向与物体运动方向之间的夹角。

此外，$A = \frac{mv^2}{2}$ 也只有在物体初速度为 0 的情况下才能成立。如果物体初速度为 v_0，最终速度为 v，为了能够同时表现速度的变化，功的计算方式变为：

$$A = \frac{mv^2}{2} - \frac{mv_0^{\ 2}}{2}$$

我们知道，在使用乘法表格时，我们可以得出除法的结果。同样的道理，在这个表格中，我们也可以找出这样的关系。

在物体匀速运动过程中，速度 v 除以时间 t，就可以得出物体的加速度 a：

$$a = \frac{v}{t}$$

如果用质量 m 除以力 F，也可以得到加速度 a；如果用速度 v 除以力 F，可以得到物体的质量 m：

$$a = \frac{F}{m};\ \ m = \frac{F}{a}$$

在解决力学问题时，经常需要计算物体的加速度。根据这个表格，我们可以找出所有含加速度的公式：

$$aS = \frac{v^2}{2};\ \ v = at;\ \ F = ma$$

从上述公式中还可以得到：

$$t^2 = \frac{2S}{a}\text{或者}S = \frac{at^2}{2}$$

这样一来，我们就可以根据具体问题找出合适的公式了。

如果想要找出所有能够计算力 F 的公式，那么，表格可以提供以下选择：

$$FS = A;\ Fv = W;\ Ft = mv;\ F = ma$$

需要指出的是，假设物体的重力为 P，在列出公式 $F = ma$ 时，要想到 $P = mg$。这里的 g 表示地面的重力加速度。同样的道理，在列出公式 $FS = A$ 时，要想到 $Ph = a$。这里的 h 表示物体被提起的高度。也就是说，把重力为 P 的物体提高到 h 的高度，所做的功 A 可以用这个公式来计算。

此外，在上面的表格中，空格表示两个量的乘积没有物理意义。

步枪的后坐力有多大？

前文中我们提到，步枪发射时，火药气体将子弹推向一个方向，同时也会将枪支推向相反的方向，产生我们熟知的“后坐力”。步枪在后坐力的作用下会以多大的速度移动呢？我们来回顾一下作用力与反作用力相等的定律。如图 11 所示，根据这一定律，火药气体对枪支的压力等于火药气体对子弹的作用力。而且，这两个力是同时作用的。从前面的表格中，我们可以找到下面这

图 11 为什么步枪在射击时会产生后坐力？

个公式：

$$Ft=mv$$

如公式所示，作用力 F 与时间 t 的乘积等于动量 mv，也就是质量 m 与速度 v 的乘积。这个方程式是物体从静止状态下转为运动状态时动量定律的数学表达。在一般情况下，这一定律通常表述为：在一定的时间 t 内，物体的动量变化等于同一时间内作用在该物体上的力的冲量。即：

$$mv-mv_0=Ft$$

其中，v_0 表示物体的初速度，F 是一个恒定的力。那么，对于子弹和步枪来说，它们的 Ft 是相等的，因此它们的动量也相等。假设子弹的质量是 m，速度为 v，步枪的质量为 M，速度为 V。那么，根据上述内容，可以得出：

$$mv=MV$$

以及

$$\frac{V}{v}=\frac{m}{M}$$

下面我们给这个公式填上数值。一般来说，步枪子弹的质量为 9.6 克，它射出时的速度为 880 米 / 秒，而步枪的质量为 4500 克。把这些数值代入上面的公式，可得：

$$\frac{V}{880}=\frac{9.6}{4500}$$

于是，我们得出，步枪的速度 V 为 1.9 米 / 秒。通过比较可以得出，这个速度大概是子弹速度的 $\frac{1}{470}$ 。也就是说，尽管子弹和步枪的动量相等，但步枪后坐力产生的破坏力只相当于子弹的 $\frac{1}{470}$ 。需要指出的是，对于不会射击的人来说，这个后坐力也是可以产生很强的冲撞感的，甚至可能使人受伤。

一座重达 2000 千克的速射野战炮，可以把 6 千克的炮弹以 600 米 / 秒的速度发射出去。这种炮的后坐力产生的速度跟前面的步枪大致相同，也是 1.9 米 / 秒。但这种炮质量非常大，所以运动产生的能量约为步枪的 450 倍。旧式大炮在发射时，整座大炮会跟着一起向后退。现代火炮进行了改进，将炮筒末端固定在炮架上，发射时只有炮筒会向后滑动，而炮架保持不动。海军炮在发射时也会向后退，但它使用的是一种特殊装置，可以在后退后自动恢复到原来的位置。

相信读者已经发现，动量相等的物体所拥有的能量却不一定相等。这一点是毫无疑问的。毕竟，从公式 $mv = MV$ 中，是无法得出式子 $\frac{mv^2}{2} = \frac{MV^2}{2}$ 的。

把这两个式子相除，我们可以得出，第二个式子只有在 $v = V$ 时才成立。同时，对力学知识不甚了解的人会认为，只要动量相等，它们的能量也相等。在一些情况下，发明家也会基于等量的功对应等量冲量的错误假设，试图发明一种可以不需要消耗很多能量就能工作的机器。所以，发明家掌握理论力学基础是很有必要的。

日常经验和科学知识间的矛盾

在力学研究中，有些事情时常让我们感到惊讶：明明看起来很简单的事情，科学的解释却和我们日常的感觉完全不同。我们来看这样一个例子。当同一个力恒定不变地作用在一个物体上时，物体会如何运动？我们的“常识”会认为，物体会以一个相同的速度运动，即做匀速运动。反之亦然，如果一个物体在做匀速运动，通常表明有一个大小不变的力一直作用在这个物体上。车辆、蒸汽火车似乎就是这么运动的。

然而，力学的解释恰恰相反。它告诉我们：一个恒定的力不会产生匀速

运动，而是产生加速运动。因为在物体原来的速度上，力不断给它新的速度。在物体做匀速运动的过程中，它根本没有受到力的作用。

为什么我们日常的感觉与科学的解释之间会产生如此大的矛盾呢?

其实，这些观点并不完全错误，但它们只适用于非常有限的情况。

在某些情况下，我们日常感觉中的现象的确存在。这是因为，物体在运动过程中受到了摩擦力或介质的阻力。但力学定律却说物体的运动都是自由的。所以，我们可以这样说：对于一个有摩擦力的物体来说，要想以恒定的速度运动，必须有一个恒定的力作用在它身上。但这里所说的力不是为了牵引物体运动，而是为了克服运动中的阻力，从而为物体创造自由运动的条件。因此，如图 12 所示，如果一个物体在有摩擦力的情况下做匀速运动，那么一定有一个力持续作用在它身上，与摩擦力相抵消……这种情况就很常见了。

图 12 火车在匀速运动中，牵引力克服了阻力

现在我们明白，日常感觉中的“力学”为什么与科学解释“差之千里”了：日常感觉中的观点源自片面的材料。而科学总结应该基于更广泛的基础，涵盖更全面的材料。力学的规律不仅来自车辆和蒸汽火车的运动，也来自行星和彗星的运动。要想得出正确的结论，必须扩大我们的观察范围，去除随机事实。只有通过这种方式获取知识，才能揭示现象的本质，并在实践中得到富有成效的应用。

在下文中，我们将讨论一系列现象。在这些现象中，自由运动的物体所受到的力的大小和它所获得的加速度大小之间关系十分密切。这是由牛顿第二定律决定的。然而，这一重要定律在学校的力学课程中并没有得到很好的推广。下面举了一个虚构的例子，但足以揭示现象的本质。

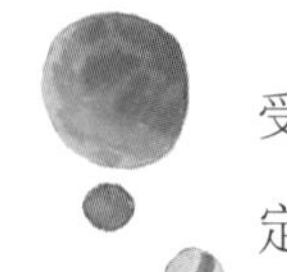

月球上的大炮

【题目】在地球上用火炮发射炮弹，炮弹射出去的速度可达 900 米 / 秒。现在，我们把火炮放到月球上，我们知道，对于任何物体来说，在月球上的重力仅为在地球上的六分之一，那么，在不考虑空气对炮弹速度影响的情况下，月球上的火炮射出去的炮弹可以达到多大的速度?

【解答】在回答这道题目时，很多人可能会认为，不管在地球上还是月球上，火药气体产生的压力是一样的。但在月球上，炮弹的重量更轻，重力只有地球上的六分之一，因此，炮弹在月球上的速度应为地球上的六倍，即 900 × 6 = 5400 米 / 秒。也就是说，炮弹在月球上的速度能达到 5.4 千米 / 秒。

这个解答看起来似乎没什么问题，但却是错误的。

实际上，力、加速度和质量三者之间，不存在上述这种关系。在牛顿第二定律的表达式中，与力和加速度有关的参数是物体的质量，即 $F = ma$。对于炮弹来说，不管是在地球上还是月球上，质量都是不变的。由于火药气体产生的压力相同，炮弹发射出去的加速度是一样的。对同一门火炮来说，炮弹在炮筒里的运动距离也是一样的。根据表达式 $v = \sqrt{2aS}$，我们可以得出，炮弹在地球和月球上的速度是相同的。

这样，就得出下面的结论：在月球上发射炮弹的初速度和在地球上是一样的。然而，如果考虑炮弹在月球上的飞行高度，就是另一回事了。此时，炮弹在月球上重力减少的事实就发挥了关键作用。

比如，在前面的分析中，我们在月球上垂直向上发射一枚炮弹，速度可以达到 900 米 / 秒，那么这枚炮弹可以达到的高度为：

$$S = \frac{v^2}{2a}$$

这个表达式可以从前面的公式表中查到。我们知道，月球上的重力加速度比地球上的小，大概是地球上的$\frac{1}{6}$，即：

$$a=\frac{g}{6}$$

代入前面的式子，则有：

$$\frac{gS}{6}=\frac{v^2}{2}$$

因此，炮弹升起的高度为：

$$S=6\times\frac{v^2}{2g}$$

如果在地球上，不考虑大气的影响，炮弹升起的高度就是：

$$S=\frac{v^2}{2g}$$

因此，在不考虑大气阻力的情况下，对于同一门大炮来说，垂直向上发射炮弹，尽管射出去的速度一样，但在月球上射出的高度却是地球上的 6 倍。

海底射击实验

【题目】在位于菲律宾群岛中的棉兰老岛附近，海洋的深度约为 11000 米，这也是世界上海洋最深的地方之一。现在，我们在这个位置的最深处放一支装有子弹的气枪，并且枪膛里的空气被压缩了。假设子弹在气枪中射出的速度为 270 米 / 秒。请问，如果你扣动扳机，子弹会从气枪中射出吗？

【解答】子弹在射出去的那一刻会受到两个方向相反的压力：水的压力和压缩空气的压力。如果水压大于气压，子弹就不会射出去；否则，子弹就可以射出去。所以，有必要对这两个力进行比较。

关于水的压力，我们可以这样计算：每 10 米高的水柱底部，承受的压力约等于 1 个大气压，这个数值为 1 千克 / 平方厘米。因此，题目中 11000 米高度的水柱底部将承受 1100 千克 / 平方厘米的压力。假设手枪的口径（枪膛内径）与传统的七星手枪相同，均为 0.7 厘米。那么枪膛的横截面积等于：

$$\frac{1}{4}\times3.14\times0.7^2=0.38\text{（平方厘米）}$$

所以，枪膛截面所受的压力就是：

$$1100\times0.38=418\text{（千克）}$$

下面，我们再分析一下压缩空气的压力。

为简化计算过程，我们假设子弹射出去之前在枪膛里进行的是匀加速运动，加速度恒定。当然，实际上，这个过程并不是匀加速运动。

在前面的表格中，我们可以找到这样一个公式：

$$v^2=2aS$$

这里的 v 是指子弹从枪膛射出去时的速度，a 是我们要计算的加速度，S 是子弹在气压作用下在枪膛里经过的距离，也就是枪膛的长度。枪膛的长度一般为 22 厘米，前文提到，子弹射出去的速度 v=270 米 / 秒，因此：

$$27000^2=2a\times22$$

$$a=16500000\text{（厘米 / 平方秒）}$$

可见，这个加速度的数值是巨大的，但我们不必感到惊讶。因为在正常情况下，子弹通过枪膛的时间很短。现在我们已知子弹的加速度，并把子弹的质量定为 7 克，就可以根据公式计算出使子弹产生这一加速度的空气压力：

$$F=ma=7\times16500000=115500000\text{（达因①）}$$
$$\approx115\text{（牛顿）}$$

因此，子弹在射出时受到的压缩空气的压力为 115 牛顿。水压给枪膛截

① 这里的达因是一种力学单位，指的是使质量为 1 克的物体产生 1 厘米 / 平方秒加速度的力。1 千克力 ≈ 1×10^6 达因。

面的力是 418 千克。子弹不但不会射出来，反而会被水压压到枪膛里面。当然，气枪很难产生如此大的压力，但有了现代科技的助力，完全可以制造出和七星手枪相媲美的气枪。

我们可以推动地球吗？

如果你对力学知识没有深入的研究，你可能会认为：如果一个自由物体的质量非常大，那么一个比较小的力是不能移动它的。这是犯了常识性错误。力学知识告诉我们，事实恰恰相反：任何一个力，即使是最微小的力，都可以使任何自由物体产生运动。我们已经多次运用了下面这个公式：

$$F = ma$$

变换可得：

$$a = \frac{F}{m}$$

第二个表达式告诉我们，只有当力 F 等于零时，加速度 a 才能为 0。也就是说，不管力 F 多么小，都会产生一个不为 0 的加速度。因此，任何一个力都一定可以使任何自由的物体产生运动。

遗憾的是，在我们周围的环境中，我们很难证明这一定律的正确性。这是由于摩擦力的存在，而且这种阻力无处不在。换句话说，我们很难找到真正的自由物体，我们所观察到的几乎所有物体的运动都是不自由的。因此，要想使一个物体在摩擦力存在的情况下产生运动，必须施加一个大于摩擦力的力。比如，在干燥的橡木地板上有一个橡木橱柜，要想将其推离原来的位置，需要我们施加一个约为柜子重力的 $\frac{1}{3}$ 的力。这是因为柜子与地板之间的摩擦力大约是其重力的

34%，移动这个柜子必须克服这个阻力。但是，如果没有这个摩擦力，即使是一个小孩子用手指轻轻地碰一下，也可以推动这个沉重的橡木柜子。

如果说自然界中存在为数不多的完全自由的物体，即运动时既没有受到摩擦力，也没有受到任何介质的阻力，那就只能是天体了，包括太阳、月亮、各大行星以及我们生活着的地球。这是否意味着，一个人可以通过他的肌肉力量推动整个地球？当然，我们可以这么认为：我们在运动的同时，带动了地球的运动。

再举一个例子，当我们在地面上跳跃，我们得到一个速度的同时，也会使地球朝相反的方向移动。这就出现了一个问题：地球因此获得的速度是多少？根据作用力和反作用力相等的定律，我们给地球的力与使我们身体跳起来的力相等。因此，这两个力的冲量也是相等的，我们的身体和地球所受到的动量也是相等的。我们用 M 表示地球的质量，用 V 表示其获得的速度，用 m 表示人的质量，用 v 表示人的速度，可以得出下面这个关系式：

$$mv = MV$$

变换可得：

$$V = \frac{m}{M}v$$

由于地球的质量比人的质量大得多，我们给地球带来的速度也一定比人与地球分离时的速度小得多。我们所说的“小得多”当然不只停留在字面上。我们是可以测量出地球的质量的①，也可以计算出这个速度的近似值。

我们一般认为，地球的质量 M 大约等于 6×10^{27} 克。假设一个人的质量 m 等于 60 千克，也就是 6×10^{4} 克。这意味着，人的质量与地球质量的比值 $\frac{m}{M}$ 为 $\frac{1}{10^{23}}$，地球得到的速度也只有人跳跃速度的 $\frac{1}{10^{23}}$。假设这个人跳跃的高度 h 为 1 米，那么他的初速度可以通过下面的公式来确定：

$$v = \sqrt{2gh}$$

---

① 关于这一点，请参考作者《趣味天文学》中《地球是如何被称量的》一文。

即：

$$v=\sqrt{2\times9.8\times1}\approx4.4\text{（米/秒）}$$

因此地球的速度为：

$$V=\frac{4.4}{10^{23}}\text{（米/秒）}$$

这个数值非常小，小到我们无法想象这是什么概念，但它一定不等于 0。那么，这个数值到底有多大？假设地球在达到这个速度后，保持这个速度一直运动下去，那么在接下来的一段时间里，比如说 10 亿年，它将移动多长距离？我们可以通过公式计算出这段距离：

$$S=vt$$

这里的 t 是 10 亿年，也就是：

$$t=10^9\times365\times24\times60\times60\approx31\times10^{15}\text{（秒）}$$

代入上式，得：

$$S=\frac{4.4}{10^{23}}\times31\times10^{15}=\frac{1.4}{10^6}\text{（米）}$$

转换成微米后的数值为：

$$S=1.4\text{（微米）}$$

可以看出，地球按照这种速度运动了 10 亿年后，所移动的距离还不到 1.4 微米，这是一个肉眼无法分辨出的距离。

事实上，地球不会一直保持因人起跳而获得的速度。一旦人的脚与地球分离，他的运动速度就会在地球引力作用下减慢。如果地球对人的引力是 60 千克，那么人对地球的引力也是 60 千克。因此，人的速度在减慢的同时，地球获得的速度也在减慢，两者最终将同时降为 0。

综上所述，人类可以给地球一个速度，但这个速度维持的时间很短，并且小到可以忽略不计，因此人类并不能使地球运动。一个人想利用肌肉力量推动地球，前提是他能找到一个与地球没有任何联系的支撑物。但是，无论你有多么丰富的想象力，也无法想象出他的脚该放在哪里。

发明家陷入的误区

发明家在探索新技术的过程中，如果不想陷入徒劳无用的幻想，就必须始终严格遵循力学规律。许多发明家常常把能量守恒定律视为唯一准则，却忽视了另外一个重要准则，那就是重心运动定律。这往往导致发明者误入歧途，白白浪费精力。

重心运动定律指的是：一个物体或系统运动时，它的重心不会因为内力的作用而改变。如果一枚飞行中的炸弹发生爆炸，不考虑空气阻力，在弹片落地前，所有弹片的重心将会继续沿着与整个炸弹重心相同的路径移动。还有一种特殊情况，如果物体本身是静止的，它的重心也处于静止状态。那么不管内力有多大，它重心的位置都不会改变。

在前文中我们讲到：对于生活在地球上的人来说，不可能利用自身肌肉的力量来推动地球。这一点也可以通过重心运动定律来解释。

不论是地球作用于人的力，还是人作用于地球的力，都属于人和地球这个系统的内力。因此，二者都不能使地球和人的重心发生移动。当一个人跳起来再回到原处时，地球也会回到它原来的位置。

通过下面这个例子，我们可以认识到：如果不遵循重力运动定律，发明家就会产生不切实际的妄想，得出错误的研究结论。有一位发明家想设计一种新型飞行器。该飞行器是一根由两部分组成的封闭管（如图 13）：水平直线部分 *AB* 和上方的弧形部分 *ACB*。管道里装有液体，在螺旋桨的带动下始终朝一个方向流动。液体在 *ACB* 弧形部分内流动会对外壁产生一个离心力，即一个向上的力 *P*（如图 14），且这个力没有被任何力抵消。因为液体沿 *AB* 直线部分运动不会产生离心力。发明家由此得出结论：如果液体流速足够大，力 *P* 应该可以把整个装置向上顶起来。

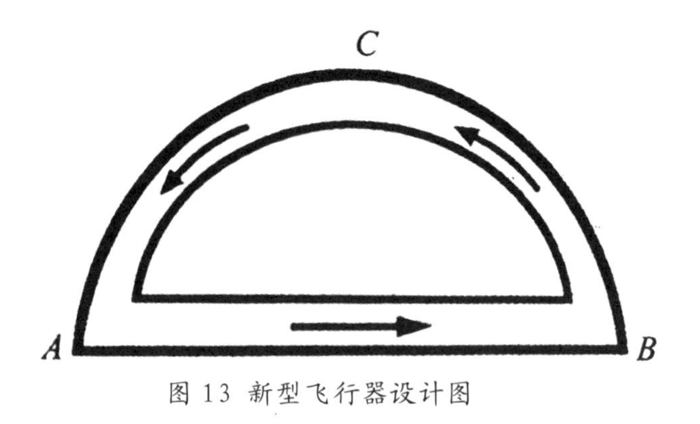

图 13 新型飞行器设计图

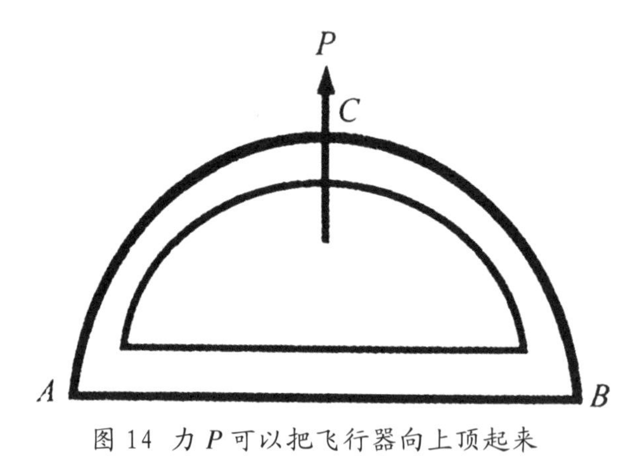

图 14 力 *P* 可以把飞行器向上顶起来

你认为他的想法正确吗？即使不用进行深入的研究，你也可以断定，该装置不会向上移动。因为这里的离心力仍然是内力，并不能使整个系统（包括管道、填充管道的液体和支持液体流动的螺旋桨）的重心发生移动。因此，该飞行器无法向上移动。那么这个发明家的推理过程犯了什么错误呢？

其实，要找到他的错误并不难。发明家在论证过程中没有考虑到，离心力不仅产生在液体通过弧形部分 *ACB* 的时候，而且还会产生在管道转弯处 ——*A* 点和 *B* 点（如图 15）。这两处的曲线很短，转弯角度很大，也就是说，这里的曲率半径非常小。曲率半径越小，离心效应越强。所以，在两个急转弯的地方，会分别产生一个向左下和右下的力 *Q* 和 *R*，正是这两个力把力 *P* 给抵消了。在发明家刚才的分析中，没有考虑到这两个力。但是，如果他知道重心运动定律，即使遗漏了这两个力，也一定会明白他的设计是不合理的。

早在400多年前，伟大的列奥纳多·达·芬奇就曾说过：“正是有了力学定律，才使工程师和发明家的活动受到限制，以便他们不向自己或他人承诺不可能的事情。”

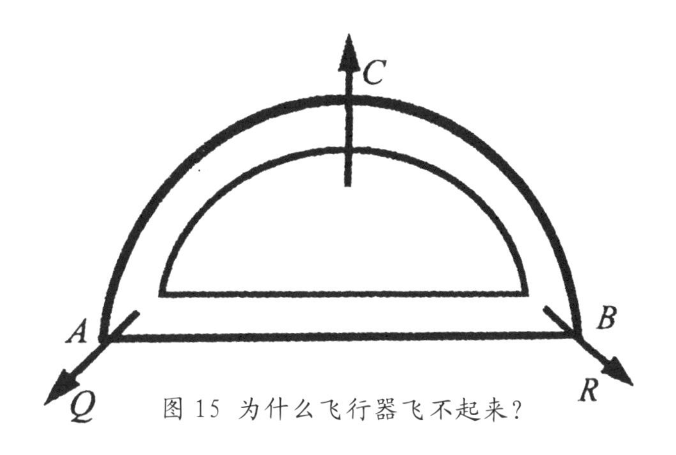

图15 为什么飞行器飞不起来？

飞行的火箭重心在哪里？

在人们的观念中，常常以为现代科技的产物——动力强劲的火箭发动机，可以打破重心运动定律。比如，火箭只在内力的作用下就可以到达月球，并且它的重心也会到达月球。乍一看，这个观点似乎有一定的道理，但却是错误的。那么这个问题该如何解释呢？的确，火箭发射前的重心是在地球上，现在它出现在了月球上。看起来真的像是破坏了重心运动定律！

其实，这种说法存在一种误解。如果火箭喷出的气体没有碰到地球表面，那么，火箭根本不会把它的重心带到月球上。并且，火箭只有一部分飞向了月球，其余的部分，比如一些燃烧的产物，却是朝着反方向飞回了地球。因此，对于整个系

统来说，火箭的重心（力学上常称之为惯性中心[①]）仍保持在火箭离开之前的位置。

现在，让我们考虑这样一个事实：火箭喷出的气体并不是自由移动，而是与地球发生了碰撞，这个冲击力是巨大的。因此，整个地球也应该被包括在火箭系统中。我们不应该只分析火箭，而应该考虑巨大的地球与火箭系统组成的整体的惯性中心。由于气体对地球（或其大气层）的作用，我们的地球在一定程度上会发生移动，其惯性中心朝火箭运动的相反方向移动。我们知道，与火箭质量相比，地球的质量是如此之大，以至于它只能进行非常微小的移动。但这个移动足以抵消火箭飞向月球所进行的移动，从而使“地球－火箭”这个大系统的重心保持不变。从理论上说，因为地球质量比火箭质量大得多（大概是火箭的几百万亿倍），地球移动的距离就会远远小于火箭到月球的距离。

通过刚才的分析，我们可以看到，即使在这种特殊情况下，重心运动定律也同样适用。

---

① 在力学中，如果我们讨论的是若干物体或许多部分组成的系统，我们常常不叫重心，而叫系统的惯性中心。对于比地球小的系统，我们可以假设惯性中心与重心重合。

第三章

重力现象

$v_t^2 - v_0^2 = 2gh$

$W = Fs\cos\alpha$

$h = \frac{gt^2}{2}$

$W = Fs\cos\alpha$

$\frac{Gm_1m_2}{r^2} = F$

悬锤和钟摆的神奇作用

在科学研究中，悬锤和钟摆无疑是所有研究中最简单的工具了。令人惊讶的是，如此原始的工具却可以帮助我们得到十分神奇的结果：借助悬锤和钟摆，人类已经可以在脑海中深入到地球内部，探索我们脚下几万米深的地方到底有什么。要知道，世界上最深的钻井也只能到达几千米[①]深的地方，和我们在地表利用悬锤和钟摆探测到的深度比起来差远了。

悬锤的应用可以用力学原理来解释。如果地球本身是完全均匀的，那么悬锤在任何一个地方的方向都可以通过计算来确定。我们知道，地球表面附近或地球深处的质量是不规则分布的，因此这个理论方向实际上发生了改变。例如，如果靠近一座山，悬锤会在其本来的方向上略有偏差：距离山越近的地方，由于山的质量越大，偏差就越明显。在锡梅伊兹的天文站附近，由于克里米亚山脉相邻山壁的存在产生了明显的偏转效应，悬锤偏转角度维持达半分钟。在高加索山脉，悬锤的偏移更大：在格鲁吉亚的奥尔忠尼基泽为 37 秒，在格鲁吉亚的巴统为 39 秒。相反，地层空隙对悬锤似乎有排斥作用：它被周围的质量更大的物体往反方向吸引。在这种情况下，排斥力的大小与空隙中充满物质后产生的吸引力大小相等。并且，

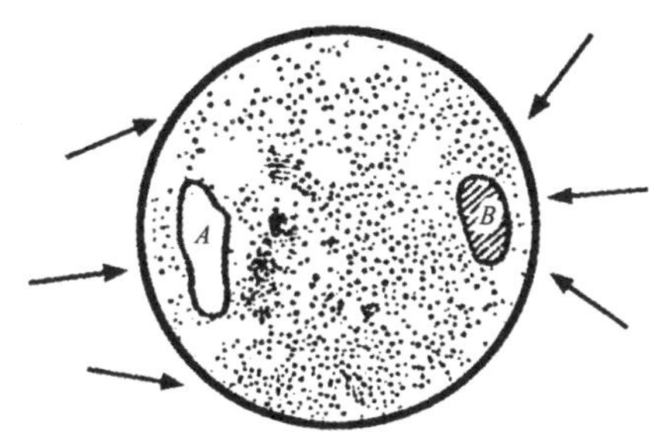

图 16　地层里的空隙 *A* 和密层 *B* 都会使悬锤产生偏斜

① 现在世界上最深的钻井大约 12 千米深。

少年知道

悬锤不仅仅被空隙排斥，只要它下方的物质密度比地球地层的密度小，悬锤也会受到排斥，只不过受到的排斥力较小而已。这就是为什么在莫斯科，在远离任何山脉的地方，悬锤仍然会向北偏离 10 秒。可以看出，悬锤可以作为一种工具，帮助人们判断地球内部的分布结构。

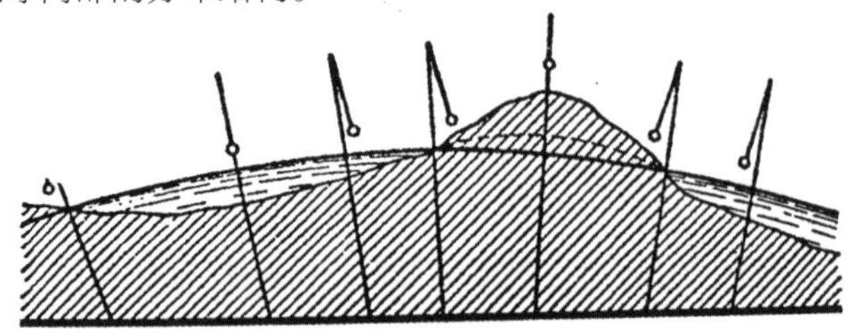

图 17 地面起伏和悬锤方向的变化关系

钟摆也可以用来进行这方面的研究。这类仪器有以下特性：只要摆动幅度在几度以内，它摆动一个来回的时间不取决于摆动幅度，也就是说，大幅度和小幅度的摆动周期都一样。摆动的时间取决于其他因素：摆的长度和地球上这一处的重力加速度。当摆的摆动幅度较小时，它完成一次完整摆动（一个来回）的周期 T、摆的长度 l 和重力加速度 g 的关系为：

$$T = 2\pi\sqrt{\frac{l}{g}}$$

其中，如果摆长 l 的单位是米，那么重力加速度 g 的单位为米 / 平方秒。

在研究地球的地质结构时，我们通常会使用“秒摆”，即每秒做一次单向摆动，一个来回算两次。因此摆动周期 T 为 2 秒。可得：

$$\pi\sqrt{\frac{l}{g}} = 1$$

变换可得：

$$l = \frac{g}{\pi^2}$$

从上式可以看出，任何重力的变化都会反映在钟摆的长度上：需要通过延长或缩短摆长，才能准确测量秒数。这样一来，人们得以捕捉到哪怕是万分之一大小的重力变化。

下面就不再对用悬锤和钟摆的技术进行深入研究了，因为这个问题要比我们想象的复杂得多。这里只列举几个有趣的实验结果。

如果在海岸边进行实验，悬锤本应偏向大陆一侧，就像它偏向山丘的方向一样。实践证明，这个想法是错误的。实际上，在海洋及其岛屿上，重力加速度大于海岸附近；而在海岸附近，重力加速度又大于远离海岸的大陆。这告诉我们什么呢？显然，这说明了一个问题：大陆下的地质是由比海洋底部更轻的物质组成的。基于这一物理事实，地质学家对构成地球地壳的岩石成分进行了推测。

这种研究方法还被用来查明“库尔斯克地磁异常区”的起因，并起到了不可替代的作用①。

“……可以十分肯定地说，地表下的物质具有相当大的吸引力。从西侧看，这些物质有着十分清晰的边界。同时，这些块状物似乎很可能向东扩散，因为东边的斜面比西边的斜面更加平坦。”

众所周知，在“库尔斯克地磁异常区”发现的巨大的铁矿石储量具有十分重要的工业价值。其储量达数百亿吨，占世界总储量的一半。下面我们展示一下乌拉尔山东坡重力异常区的一些研究结果。该研究由列宁格勒的天文学家们在1930年进行。

“在兹拉托乌斯特附近，由于乌拉尔山脉结晶地块的抬升，重力值最大。”

图 18　可变电感器
左上图是仪器原理示意图

① 对“库尔斯克地磁异常区”的研究不是用悬锤进行的，而是使用了一种特殊的扭力秤（即所谓的“可变电感器”）。电感器的线被地下物质吸引而产生扭转。这台神奇的仪器读数可以精确到一万亿分之一克，还可以在300千米外“感受”到山脉的引力。以下是苏联地球物理学家P.M.尼基福罗夫教授在一篇关于“库尔斯克地磁异常区”的文章里对该装置的简短描述：“如图18，该装置的主导部分由扭力秤组成。铝管制成的横梁 M_1E 长约40厘米：横梁的一端连接着一个圆柱形黄金砝码 M_1，重30克，另一端的黄金砝码 M_2 重量也为30克，由钢丝 EM_2 悬挂。秤杆被悬挂在一个细薄的长为60~70厘米的铂铱合金丝 AO 上。为防止受到空气对流的影响，扭力秤被一个三层金属壁的护套所包裹。一个仪器有两对扭力秤，相互间可旋转180度。S 是一个平面镜。”

“重力值第二的地方位于科泽廖沃以东，靠近海底山的地表。”

“重力值第三的地方位于米什基诺以东，这一点再次证明了古老岩层靠近地表的地方重力大。”

“最后，彼得罗巴甫洛夫斯克以西是重力值第四位的地方，这再次证明了上一个观点。”

此外，在一些跟物理毫不沾边的学科中，物理学也有实际应用。

如今，科学家有一种更微妙的方法来记录重力异常现象。我们知道，人造地球卫星的运动既可以被地球不规则的外形影响，也可以被其不均匀的构造影响。当一颗人造卫星飞过山脉上空或布有高密度岩石的地域上方时，理论上它受到的地球引力比较大，并因此加快运动速度。当然，只有当卫星飞离地表，达到足够高的高度，在大气阻力不至于影响其运动的情况下，人们才可以非常精确地测量重力的变化。

水中的钟摆

【题目】想象一下，如果一个挂钟的钟摆可以在水中摆动，它的摆锤是流线型，水对摆锤运动的阻力几乎为零，摆锤会摆动多长时间？与在水外面相比，摆动周期是变长还是变短了？或者说，钟摆在水中的摆动速度会比在空气中快还是慢？

【解答】由于钟摆在一个低阻力的环境中摆动，似乎没有什么可以明显改变其摆动速度，所以对摆动周期的影响应该也很小。但是，实验表明，在这种条件下，哪怕介质阻力变化非常小，也可以明显感觉到钟摆的摆动速度变慢了。

这种现象乍一看令人费解，我们可以这样解释：水对浸在其中的物体有排挤作用。它会使摆的重力减小，但不改变摆的质量。因此，钟摆在水里摆动的状态，就像它被运送到另一个星球上摆动，因为那里的重力加速度小一些。从上文给出的公式来看：

$$T = 2\pi\sqrt{\frac{l}{g}}$$

可以得出，随着重力加速度的减小，摆锤的摆动周期 T 会增大，因此钟摆的摆动速度会变慢。

斜面上的容器

【题目】将一个装有水的容器放在一个斜面 CD 上（如图 19）。只要斜面是静止的，容器里的水面 AB 就是水平的。假设斜面非常光滑，让容器沿着斜面下滑，水面 AB 是否保持水平？

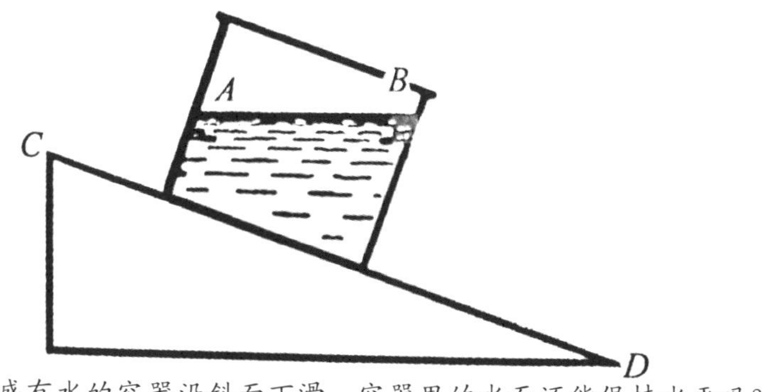

图 19 盛有水的容器沿斜面下滑，容器里的水面还能保持水平吗？

【解答】实验表明，当一个盛有水的容器沿着没有摩擦力的斜面下滑时，容器中的水面与斜面保持平行。这是为什么呢?

对于容器来说，每个质点的重力 P 可以分解为两个分力（如图 20）——Q 和 R。其中，力 R 会使水和容器沿着斜面 CD 向下运动。由于容器和水的运动速度一样，水对容器壁施加的压力与在静止状态下是相同的。而力 Q 使水对容器底部形成了一个压力。所有质点的分力 Q 对水的作用与在静止状态下重力对任何液体的作用相同。因此，水面将垂直于力 Q 的方向，即平行于斜面的方向。

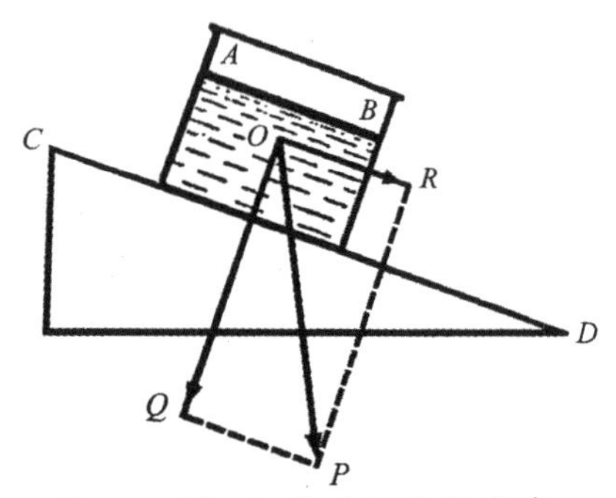

图 20　图 19 所示题目的答案

那么，如果将问题变换一下，把容器放在有摩擦力的斜面上让其匀速下滑呢?这时候容器中的水面将会如何变化?

我们很容易得出，在这种情况下，容器里的水面也是水平的，而不是倾斜的。关于这一点，我们可以这样分析：按照经典相对论原则，在机械现象中，匀速运动与静止状态没有任何不同。

但是，上述解释是否正确呢？答案是一定的。毕竟，当容器在斜面上匀速运动时，容器壁的所有质点并不会获得任何加速度；而对于容器中的液体来说，各个质点会在力 R 的作用下压向容器的前壁。因此，水的每个质点将受到两个压力 Q 和 R 的共同作用。这两个压力的合力 P 就是质点的重力。因此在这种情况下水位应该是水平的。只有在运动的最初阶段，当容器还没有获得恒定速度之前，仍进行加速运动时[①]，水面才会在短时间内出现倾斜的现象。

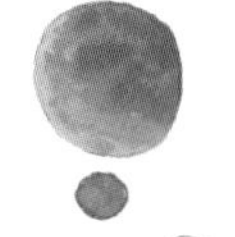

① 这里需要指出，物体不可能瞬间进入匀速运动：当它从静止状态到匀速运动时，它不可避免地会经历一段加速运动，即使这个过程非常短暂。

当“水平线”不水平

如果在一个没有摩擦力的容器或水箱中，有一个手持水平仪的人，他会看到什么奇怪的现象呢？如果容器处于水平静止状态，这个人的身体会贴向水平的容器底部；当容器在斜面上下滑时，他的身体会以完全相同的方式压向倾斜的容器底部，只是这个压力相比而言小了一些。对这个人来说，容器底部的倾斜面就像水平的一样。因此，真正的水平方向在他看来却是倾斜的。他将看到一个非常怪异的场景：所有房屋和树木都歪歪斜斜地矗立，池塘的表面斜着铺开，周围所有景物都是倾斜的。如果这名体验者不敢相信自己的眼睛，可以把水平仪置于容器底部，仪器也会显示容器底面是水平的。简而言之，对这个人来说，“水平线”不水平了。

需要指出，一般来说，只要我们没有意识到自己的身体偏离了竖直状态，我们就会认为周围的物体都是倾斜的。就像一个进行急转弯飞行的飞行员或一个在旋转木马上旋转的人，他们都会认为周围整个环境都是倾斜的。

有时候，哪怕是一块完全水平的地面，你可能也会觉得它不是水平的，即使你确实是在一条完全水平的道路上行驶。例如，当列车接近或离开车站时，车厢会在铁轨上以较慢或较快的速度移动。对于坐在车厢里的我们来说，就会观察到上面说的这种情况。

当火车开始减速，我们可能会惊讶地发现，地板向火车头的方向上降低了，当我们在车厢里沿着火车前进的方向走动，我们会感觉在走下坡路，当我们朝相反的方向走动时，就会感觉自己正走向高处；当火车离开车站速度加快时，整个情形将正好相反。

我们可以做一个实验，解释一下地面看起来明显“不水平”的原因。实验很

简单，只要在车上放一个装有黏稠液体（如甘油）的杯子就可以了。在车子加速运动时，杯中的液体表面会倾斜。你还可以观察一下车厢顶部的排水槽。当火车在雨中驶入车站时，水会从车顶的排水槽中流出；当火车驶出时，水会向后流。这是因为水面抬升的方向与火车的加速度方向正好相反。

下面，让我们解释一下这些奇怪的现象。我们不以在火车外面且处于静止状态下的观察者的角度，而是以坐在火车里的人的角度来思考问题。对火车里的人来说，他实际上参与了火车加速或减速的过程。因此，他会以自己的角度去观察周围的现象，并且认为自己正处于静止状态。当火车加速行驶时，火车后部对我们身体的压力（或座椅的吸引力）就会被我们感知到，好像自己也以同等力量推着墙（或吸引座椅）。我们仿佛受到了两种力的作用：与火车运动方向相反的力 *R*（如图 21），以及压到地板上的重力 *P*。这两个力的合力为 *Q*。力 *Q* 使我们压向地面，它的方向在处于这种状态下的我们看来是垂直向下的。与新的铅垂线 *OQ* 垂直的方向 *MN*，对我们来说就是水平的。因此，真正的水平方向 *OR* 在我们看来是倾斜的，就好像往火车前进方向抬升了一样（如图 22）。

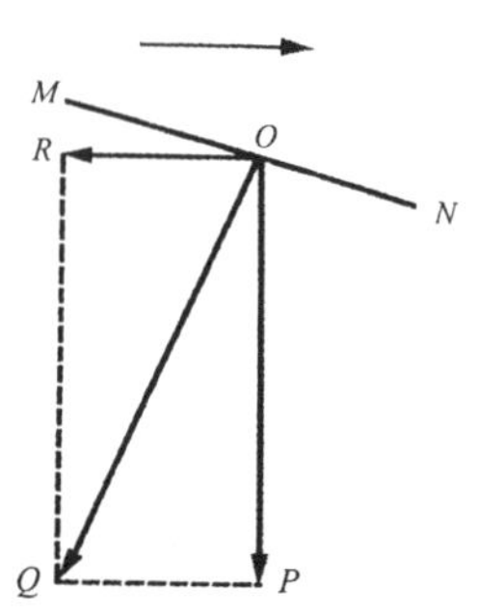

图 21 站在启动的火车上的人受到哪些力的作用？运动方向：从左至右

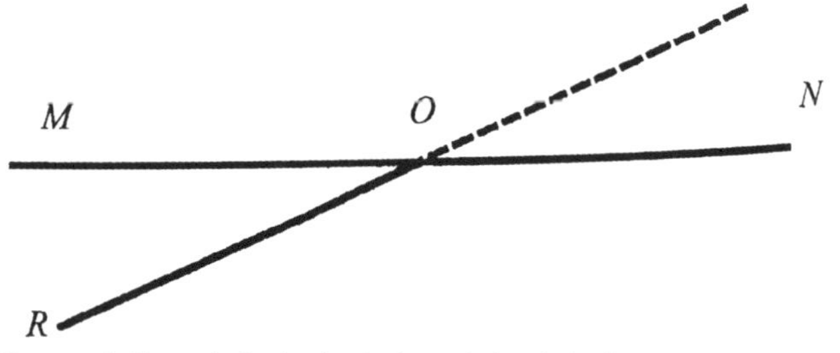

图 22 为什么在火车启动时，地板看起来变倾斜了？

在这种情况下，如果在桌子上放一个装有液体的碟子，会发生什么变化？毕竟，观察者眼中的水平方向 *MN* 并不与原来的液面平行，而是如图 23-a 所示方向。箭头所指的是火车运动的方向。对于乘客来说，看到的是如图 23-b 的场景。在火车开动的时候，碟子里的液体会像图中那样倾斜，并会从碟子后面溢出来。同样的道理，我们也很容易理解，当火车开动时，车厢内的乘客为什么会向后仰。这一事实常被错误地解释为：车厢地板带动人的腿部开始运动，而人的躯干和头部仍处于静止状态。

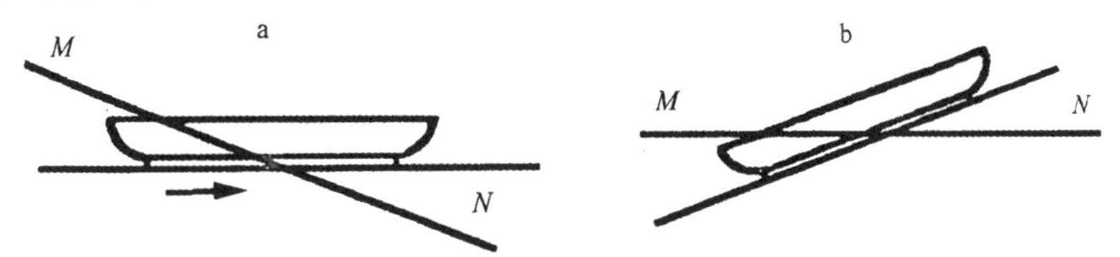

图 23 在火车启动时，车厢内平放的碟子里的液体为什么会从碟子后面溢出？

伽利略对于这个现象也有过类似的解释，下面一段话摘自他的著作：

> 如果让一只盛有水的容器沿直线做非匀速运动，时而加速，时而减速。会发生什么呢？容器里的水并没有与容器的运动保持一致。如果容器的速度减少，它依然会保持原来的速度前进，向前流动，水位前端会上升。相反，如果容器的速度增加，水将保持其较慢的运动，落在后面，水位后端明显上升。

一般来说，伽利略的解释与前面提到的情况都符合事实。从科学角度来说，一个解释不仅应该符合事实，还应该能以量化的形式表达出来。因此，在这种情况下，我们必须倾向于前面提到的解释，即脚下的地板变倾斜的解释。它与传统观点相比更有价值。例如，如果一列火车在离站时的加速度为 1 米 / 平方秒，那么新旧两条竖直线方向之间的角度 *QOP*（如图 21）很容易通过三角形 *QOP* 计算出来，其中 $QP : OP = 1:9.8 \approx 0.1$（力与加速度成正比），可得：

$$\tan\angle QOP = 0.1$$

$$\angle QOP \approx 6^\circ$$

因此，悬挂在车厢内的竖直线在火车开动时应该偏转 6°，看起来就像我们脚下的地板倾斜了 6°。所以，当我们在车厢内前进，我们感觉像在一个 6° 的斜坡上行走一样。伽利略的解释则无法帮助我们研究这些现象。

细心的读者可能会发现，两种解释之间的差异仅仅是观点不同而已。伽利略的解释以站在马车外的静止观察者所看到的现象进行分析，而前面的解释则是以亲身参与火车运动的观察者所看到的现象来分析。

神奇的磁山

在加利福尼亚州有一座山，当地司机说这座神奇的山有磁性。原来，在这座山的山脚下有一段 60 米长的道路，人们在这里观察到了非同寻常的现象：路是倾斜的，在这条路上，一辆正在下坡的汽车关掉引擎，汽车会向后退，向道路的高处运动，就像被山的磁力吸住了一样（如图 24）。

人们认为山的这一特性十分引人注目，就在这段路的旁边立了一块牌子，对这一现象进行了描述。

但也有人对这一现象产生了怀疑，并对这段道路进行了水平测量和研究。结果是出人意料的：大家所认为的上坡，其实是向下倾斜 2° 的斜坡。这样的坡度完全可以使汽车在发动机熄火的情况下在良好的路面上滑行。

图 24 加利福尼亚州的“磁山”

在山区，这种视觉欺骗的现象十分普遍，因此也诞生了许多传奇的故事。

流向高处的河水

在旅行者的日记中，常常谈到关于河流沿着斜坡向上流的故事。这也是大自然运用了视觉欺骗的原理。下面这段文字是生理学家伯恩斯坦（Bernstein）教授在《外部感觉》一书中的表述。

> 当我们在判断某个方向是水平的、向上倾斜的还是向下倾斜的时候，往往会得出错误的结论。比如，当我们走在一条略微倾斜的道路上，并看到远处有第二条道路与这条道路相交，我们就会认为第二条道路的坡度比较大。而实际上，等我们走近了才发现，它并不像我们想象的那样陡峭。

造成这种错觉的原因在于，我们把自己正在行走的道路看作水平基准面，然后把其他道路的坡度与之联系起来。我们不自觉地将其与水平面做比较，然后自然而然地认为另一条道路的坡度比较大。

而且，我们的身体在行走时感觉不到2° 到3° 的坡度。还有一种现象十分有趣：在崎岖不平的地面上，我们常会产生这样一种错觉——一条溪流貌似正向山上流淌！

下面这段文字也摘录于前文提到的那本书：

> 当我们沿着一条略微倾斜的道路行走（如图25），这条河流的坡度较小，几乎是水平流动的，在我们看来，河流正沿着斜坡向高处流淌（如图26）。在这种情况下，我们依然认为道路的方向是水平的，因为我们习惯于把我们所处的平面作为判断其他平面坡度的依据。

图 25 沿着小河边行走，河边的道路稍微有一点向下倾斜

图 26 沿着河边行走，河边道路略微倾斜，在行人看来河水正向高处流淌

铁棒会停在什么位置？

如果在一根铁棒的正中心钻一个孔，将一根非常牢固的金属丝从这个孔中穿过，使铁棒可以围绕它的水平轴线旋转（如图 27）。请问，如果转动这根铁棒，它最终将停留在什么位置？

人们通常给出的答案是：铁棒会停在水平位置。然而，人们很难相信，实际上，这根以重心为支撑点的铁棒在任何位置都可以保持平衡。

怎么样，这个答案看起来是不是特别不可思议？因为人们的日常经验是这样的：在一根棍子的中间拴一条线把它挂起来，对于这根棍子来说，确实只有在水平位置才能保持平衡。所以人们就想当然地得出了一个比较草率的结论，即中间穿着金属丝的铁棒也只有在水平位置才能保持平衡。

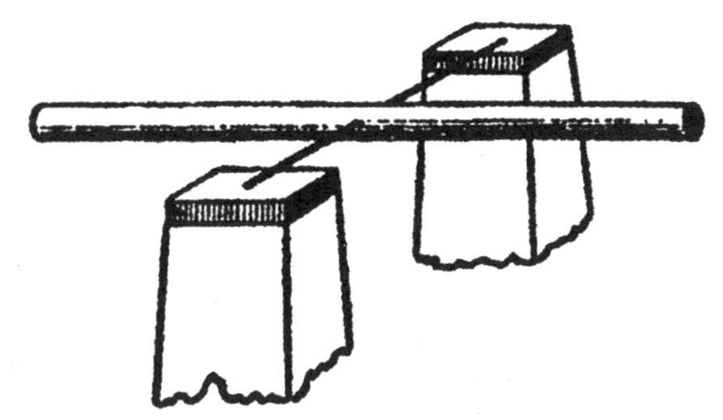

图 27 如果旋转这根铁棒，它将停留在什么位置？

然而，悬空梁和枢轴梁是不一样的。中间轴上穿着金属丝的铁棒支撑点被严格地固定在重心上，因此处于无差别的平衡状态。而对于用线悬挂起来的棍子来说，棍子的支撑点并不在重心，而在重心之上（如图 28）。以这种方式悬挂起来的物体，只有在其重心与悬挂点位于同一条铅垂线上时才会处于静止状态，即棍子必须处于水平状态。当棍子倾斜时，重心会偏离这条铅垂线（如图 28-b）。这种常见现象使人们无法接受事实真相。而真相就是：放在水平轴上的铁棒也可以在倾斜的位置上保持平衡。

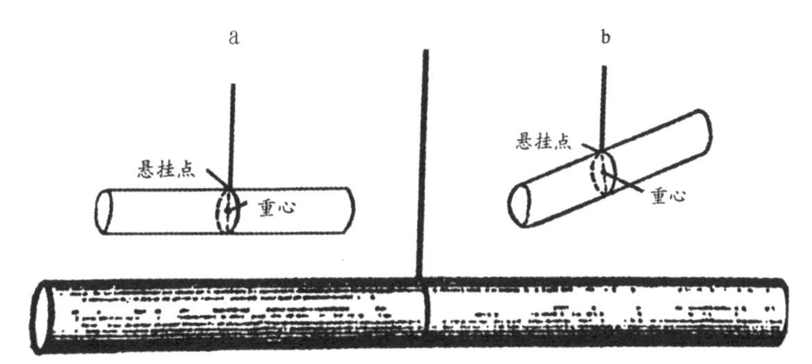

图 28 为什么在中间用线悬挂起来的棒子会在水平位置上保持平衡

$v_t^2 - v_0^2 = 2gh$

$W = Fs\cos\alpha$

$h = \frac{gt^2}{2}$

$\frac{Gm_1m_2}{r^2} = F$

$W = Fs\cos\alpha$

$v_t^2 - v_0^2 = 2gh$

$W = Fs\cos\alpha$

$h = \frac{gt^2}{2}$

$\frac{Gm_1m_2}{r^2} = F$

第四章

下落与抛掷

“七里靴”的实验

有一个童话故事讲道：只要穿上一种叫作“七里靴”的鞋子，人们就能做到“日行千里”。今天，这种神奇的鞋子正以一种独特的形式变成现实：在一个中等大小的手提箱里面，装有一个气球做成的小气囊和一个生产氢气的装置。在需要的时候，运动员可以从手提箱中取出气囊，向其中注入氢气，这样就形成一个直径达 5 米的气球。运动员把气球背在背上，就可以在跳跃的高度和距离上实现巨大的飞跃（如图 29）。同时，运动员也不会有被带走的危险，因为气球的上升力略小于他的重力。

苏联的第一个平流层气球曾创造过气球上升高度的世界纪录，这种气球（“跳伞者号”）为我们的实验团队提供了重要参考。

如果人背上这个气球进行跳跃，到底可以跳到多高的高度呢？这是一个有趣的问题。

我们假设人的体重比气球的上升力只多 1 千克。也就是说，如果不考虑气球的上升力，人的体重只能算 1 千克，这个体重只有正常体重的 $\frac{1}{60}$。那么，人跳起的高度能达到正常高度的 60 倍吗？下面我们来计算一下。

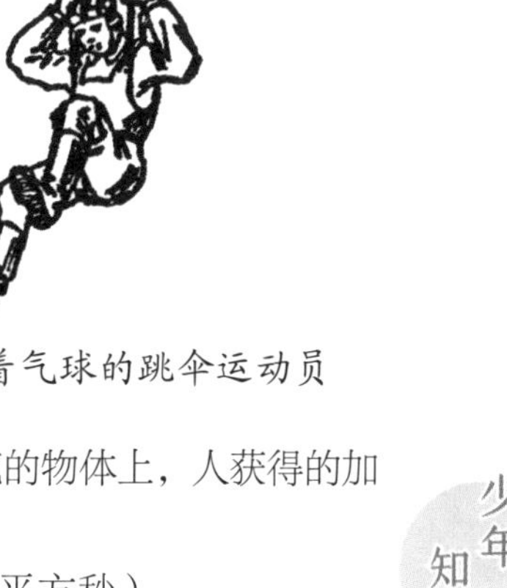
图 29 背着气球的跳伞运动员

绑在气球上的人受到的地球引力是 1 千克，也就是大约 10 牛顿。气球本身的重量约为 20 千克。因此，10 牛顿的力作用于 20 + 60 = 80 千克的物体上，人获得的加速度 a 是：

$$a=\frac{F}{m}=\frac{10}{80}\approx 0.12（米/平方秒）$$

在正常情况下，如果不借助任何工具，一个人从原地跳起来的高度不会超过1米。如果高度按1米来算，那么他跳起来的初速度可以通过下列式子计算：

$$v^2 = 2gh$$

所以：

$$v = \sqrt{2gh} \approx 4.4（米/秒）$$

对于背着气球的人来说，他在跳跃时给自己身体带来的初速度应该比这个速度小很多。这是从公式 $Ft = mv$ 中推导出来的：在这两种情况下，力 F 和它的作用时间 t 是保持不变的，所以动量 mv 也是不变的。由此看出，速度 v 的变化与质量 m 成反比。因此，背着气球的人起跳时的初速度为：

$$4.4 \times \frac{60}{80} = 3.3（米/秒）$$

然后，我们根据公式 $v^2 = 2ah$ 可以很容易得出，背气球的人起跳高度为：

$$3.3^2 = 2 \times 0.12 \times h$$

$$h \approx 45（米）$$

也就是说，即使做了最大努力，一个人在正常状态下只能跳起1米的高度。但如果他背上了这种气球，他就可以轻松跳到45米高。

如果我们进一步计算跳跃的时间，也会得出比较有趣的结论。在前文中，我们得知跳起的加速度为0.12米/平方秒，跳起来的高度为45米。根据式子 $h = \frac{1}{2}at^2$，我们可以求出时间 t 的值：

$$t = \sqrt{\frac{2h}{a}} = \sqrt{\frac{9000}{12}} \approx 27（秒）$$

因此，这个人跳起来再落地的时间一共是54秒。

这个跳跃的过程是非常缓慢的。因为跳起来的加速度非常小，只有0.12米/平方秒。如果不背上气球，我们只有在重力加速度比地球小得多的小行星上，才能体会到和背上气球跳跃相似的感觉。

在刚刚的计算中，我们完全忽略了空气阻力的影响。在接下来的计算中，我们也不打算考虑。其实，这些公式都是在理论力学中得出的，刚刚的计算也是基于这些公式进行的。如果考虑空气阻力，也就是在实际情况下计算跳起来的高度和需要的时间，得出的结果将会小得多。

我们再来进行一个有趣的计算：确定跳出的最远距离。可以想象，一个人要想跳得远，必须使自己的跳跃路线与地平线呈一定的角度。我们假设这个角度为 α，跳起的速度为 v（如图 30）。我们把速度 v 分解成两个部分：垂直速度 v_1 和水平速度 v_2。于是，我们得出以下关系：

$$\begin{cases} v_1 = v\sin\alpha \\ v_2 = v\cos\alpha \end{cases}$$

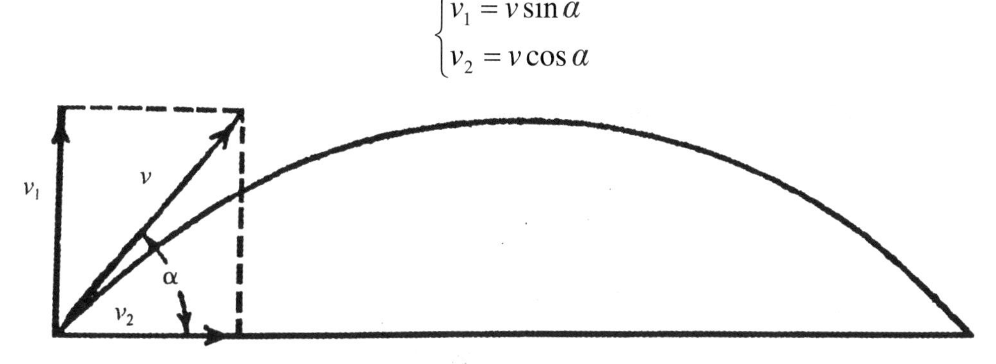

图 30 与水平线成 α 角度起跳，人的行进路线是什么样的？

假设 t 秒后，这个人的运动轨迹上升到最高点，可得：

$$v_1 - at = 0$$

由此得出：

$$t = \frac{v_1}{a}$$

由于上升和下落的时间是相等的，所以这个人从跳起到落下的总时间就是：

$$2t = \frac{2v\sin\alpha}{a}$$

而速度 v_2 在这个人的整个跳跃过程中都保持不变。并且，在这个时间间隔内，人是匀速运动的，所以人跳过的距离为：

$$S = 2v_2t = 2v\cos\alpha\frac{v\sin\alpha}{a}$$

$$= \frac{2v^2}{a}\sin\alpha\cos\alpha$$

$$= \frac{v^2\sin 2\alpha}{a}$$

可以看出，距离 S 在 $\sin 2\alpha$ 取最大值时才有最大值。已知 $\sin 2\alpha \leqslant 1$，所以当 $\sin 2\alpha = 1$ 的时候，S 有最大值。这时，$2\alpha = 90°$，$\alpha = 45°$。也就是说，在不考虑空气阻力的情况下，这个人沿着 45° 的方向跳出去，可以跳出最远的距离。我们可以通过下面这个公式计算这个距离：

$$S = \frac{v^2 \sin 2\alpha}{a}$$

通过前面的分析，我们已经得出：

$v = 3.3$（米/秒），$\sin 2\alpha = 1$，$a = 0.12$（米/平方秒），可得：

$$S = \frac{3.3^2}{0.12} \approx 90\text{（米）}$$

因此，背上这种气球，一个人沿着 45° 的方向跳出去，可以跳出 90 米远，相当于跳过了几层高的楼房①。

我们还可以设计这样一个有趣的实验：如果你把一个纸片做的小人绑在一个儿童气球上，小人的重力略微超过气球的升力。只要轻轻一推，小人就会高高跳起，随后落下。然而，在这种情况下，尽管跳跃的速度很小，空气阻力还是会对其产生较大影响。

人体炮弹表演

“人体炮弹”表演是马戏团节目中的一个非常有趣的部分。它的表演方式是

① 需要指出，一般来说，在初速度相同的情况下，物体与铅垂线成 45° 角抛出时，其最远距离等于垂直高度的两倍。在我们之前的推测中，垂直高度为 45 米。

这样的：表演者被放在炮膛中，被当作一发炮弹发射。人在空中划出一道高高的弧线后，落在离炮台 30 米远的网面上（如图 31）。类似的表演我们在著名电影《马戏团》中也见过。影片中，艺术家在马戏团的穹顶下进行了一次“炮弹飞行表演”。

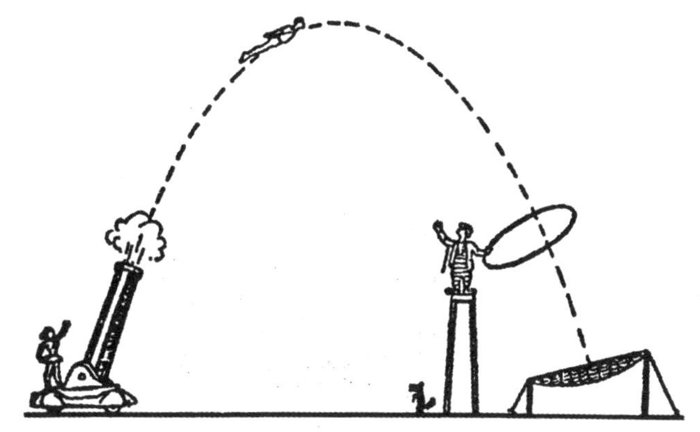

图 31 马戏团中的“人体炮弹”表演

实际上，这里提到的炮弹和发射都应该加上引号，因为它们并不是真的炮弹和发射。虽然表演过程中会有一股浓烟从炮口喷出，但这并不是火药爆炸产生的烟雾。烟雾只是为了营造逼真的效果，增强观众的观感。事实上，将人发射出的动力来自一个弹簧。当人被弹簧弹出时，炮口会释放一股虚假的浓烟，这就给观众造成了一种错觉，好像这个人真是从炮膛里发射出去的一样。

图 32 标出了这个杂技的一些数据。这些数据是著名“人体炮弹”表演家赖涅特做了大量实验后得出的：

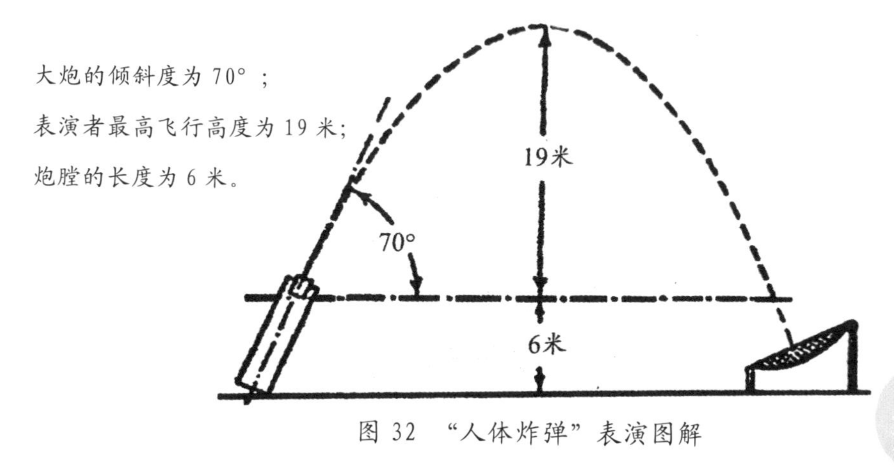

图 32 “人体炸弹”表演图解

在表演过程中，表演者的身体会感受到一些奇怪的变化。在被发射的一瞬间，他的身体受到了一种压力，感觉重力增加了。在自由飞行期间，表演者又觉得自己似乎没有重量了。最后落到网上时，表演者再次觉得自己重力猛然增加了许多。请放心，对于表演者来说，这些感觉不会对他的健康造成什么伤害。从某种意义上说，对这一情形进行深入研究是很有意义的。因为，对于乘坐宇宙飞船探索外太空的宇航员来说，他们也会体会到类似的感觉。

在航天器发动机运行前期，也是发动机将航天器加速到所需速度之前，宇航员会感受到他们的重量增加。发动机关闭后，航天器进入轨道，宇航员又会发现自己处于完全失重的状态。众所周知，著名的流浪狗“莱卡”——苏联第二颗人造地球卫星的“乘客”——在运载火箭加速期间和卫星在轨运动的数天内，也体会到了同样的感觉，并且没有受到任何伤害。

现在，我们回过头来看一看马戏团表演者。

在表演者运动的第一阶段，也就是表演者仍在炮膛中还没有被发射的时候，他经受了多大的压力呢？其实，只要知道表演者身体在炮膛里的加速度，这个数值就可以计算出来了。我们知道，要想求出这个加速度的大小，需要知道身体在炮膛里运动的距离（炮管长度）以及身体从炮膛里发射出去的瞬间得到的初速度。已知炮膛的长度是 6 米。那么速度呢？速度其实也是可以计算出来的。已知这个速度可以将一个自由的物体抛出至 19 米的高度，我们可以通过上一节中的公式来计算这个数值：

$$t=\frac{v\sin\alpha}{a}$$

其中，t 为表演者上升至最高点的过程中所需要的时间，v 为发射时的速度，α 为炮膛的倾斜角，a 为加速度。

此外，我们还知道下面的公式：

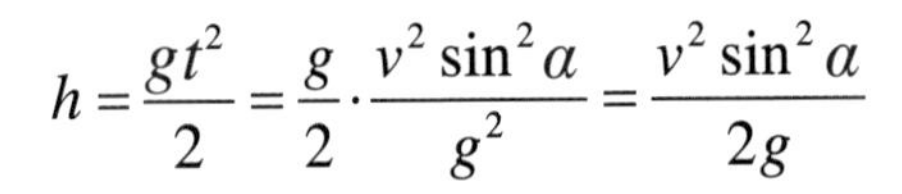

$$h=\frac{gt^2}{2}=\frac{g}{2}\cdot\frac{v^2\sin^2\alpha}{g^2}=\frac{v^2\sin^2\alpha}{2g}$$

其中，h 为表演者上升的高度。可得：

$$v = \frac{\sqrt{2gh}}{\sin\alpha}$$

该式中的各个数值我们已经知道了，g = 9.8 米 / 平方秒，α = 70°，h = 19 米，因此所求的速度为：

$$v = \frac{\sqrt{2\times9.8\times19}}{0.94} \approx 20.6\text{（米 / 秒）}$$

也就是说，表演者从炮膛发射出去时的速度为 20.6 米 / 秒。通过公式 $v^2 = 2aS$，我们也可以计算出加速度：

$$a = \frac{v^2}{2S} = \frac{20.6^2}{12} \approx 35\text{（米 / 平方秒）}$$

因此，我们求出表演者在炮膛里得到的加速度为 35 米 / 平方秒。这个加速度的大小约为重力加速度的 $3\frac{1}{2}$ 倍。也就是说，除了表演者自身的体重，它的身上又增加了 $3\frac{1}{2}$ 倍自己的体重，所以他会感觉到自己的体重增加到了原来的 $4\frac{1}{2}$ 倍。

那么，对于表演者来说，感受到体重增加的时间会持续多长呢？根据这个公式：

$$S = \frac{at^2}{2} = \frac{at\cdot t}{2} = \frac{vt}{2}$$

我们可以得出：

$$6 = \frac{20.6\times t}{2}$$

$$t = \frac{12}{20.6} \approx 0.6\text{（秒）}$$

也就是说，这个表演者在超过半秒钟的时间内，感觉到自己体重迅速增加。假设他的体重是 70 千克，那么在这一刻他将感受到自己的体重是 300 千克。

让我们再来研究一下杂技表演的第二阶段——空中飞行部分。当表演者从炮膛中被发射出去后，他会在空中飞行一段时间，并且感觉自己的体重完全消失了。那么这段时间会持续多久呢？

在前文中，我们知道，可以通过以下公式计算飞行的持续时间：

$$t=\frac{2v\sin\alpha}{a}$$

代入已知的数值，我们可以得出：

$$t=\frac{2\times20.6\times\sin70^{\circ}}{9.8}\approx3.9\text{（秒）}$$

也就是说，表演者感到完全失重的时间约为 4 秒。

在表演的第三阶段，我们也可以运用第一阶段的方法，计算出“增加”的体重值和这个过程持续的时间。如果网的高度与炮口高度一致，表演者就会以发射时的相同速度落到网面。但是图中网面设置得明显比较低，所以表演者落下的速度会大一些，但这个差别非常小，为了不使计算复杂化，我们将忽略这一点。因此，我们假设表演者以 20.6 米/秒的速度落到网面。根据测量结果，落在网上的表演者会使网面下陷 1.5 米。因此，20.6 米/秒的速度在 1.5 米的距离上变为零。根据公式 $v^2=2aS$，假设由于网面造成的减速运动的加速度不变，可得：

$$20.6^2=2\times a\times1.5$$

$$a=\frac{20.6^2}{2\times1.5}\approx141\text{（米/平方秒）}$$

我们发现，当表演者落到网上时，加速度约为 141 米/平方秒，相当于重力加速度的 14 倍。在这段时间内，他会感觉自己的体重是正常体重的 15 倍。当然，这种非正常的状态持续时间也很短：

$$\frac{2\times1.5}{20.6}\approx\frac{1}{7}\text{（秒）}$$

如果不是持续这么短的时间，即使是专业表演者的身体也无法轻易承受体重 15 倍的重力。毕竟，一个体重 70 千克的人要承受整整 1 吨的重量！这种长期的超负荷会压死人体，甚至会使他的呼吸能力丧失，因为人的肌肉 根本承受不了这么大的重力。

投球纪录

【题目】1934年，在哈尔科夫州举办的集体农庄——国营农场运动会上，运动员辛伊茨卡娅在双手投球项目上创造了新的苏联全国纪录：73米92厘米。

请问，在列宁格勒的运动员要把球扔多远才能打破这个纪录？

【解答】答案似乎很简单：他必须把球扔得更远，至少多出1厘米。但这个答案是错误的，尽管在其他运动员看来很不可思议。事实上，如果有人在列宁格勒抛球的距离少了5厘米，在正确的评估体系下，他也应该被认定打破了辛伊茨卡娅的纪录。

聪明的读者可能已经想到了，投掷的距离取决于重力加速度，而人在列宁格勒的重力比在哈尔科夫的重力大。

如果不考虑重力差异，比较两个地点取得的运动成绩显然是不公平的。在哈尔科夫进行投掷的运动员明显比在列宁格勒的运动员更有利。

下面我们在理论水平上进一步研究。一个物体从一个点抛出，倾斜角为 α，速度为 v，下落点到出发点的距离[①]为：

$$S=\frac{v^2\sin 2\alpha}{g}$$

重力加速度 g 的值在不同地点是不一样的，尤其是在纬度不同的情况下，例如：

阿尔汉格尔斯克（64° 30′）——982厘米/秒^2

列宁格勒（60°）——981.9厘米/秒^2

① 为了简化计算，我们忽略了空气阻力。

哈尔科夫（50°）——981.1 厘米 / 平方秒

开罗（30°）——979.3 厘米 / 平方秒

上述距离公式表明，在其他条件相同的情况下，距离 S 与重力加速度 g 的值成反比。通过简单的计算可以得出，在哈尔科夫投掷一个 73 米 92 厘米远的球所付出的努力，可以在阿尔汉格尔斯克投掷 73 米 85 厘米，可以在列宁格勒投掷 73 米 86 厘米，可以在开罗投掷 74 米 5 厘米。

因此，要想打破哈尔科夫运动员 73 米 92 厘米的纪录，在列宁格勒的运动员只要投超过 73 米 86 厘米的距离就足够了；而在开罗的运动员如果与哈尔科夫的纪录持平，实际上是落后了 12 厘米；在阿尔汉格尔斯克的运动员如果仅比辛伊茨卡娅少投 7 厘米，实际上就已经打破了她创造的纪录。

飞跃危桥

儒勒·凡尔纳在其小说《80 天环游世界》中描述了一个令人费解的案例：

落基山脉上有一座悬空铁路桥，因桁架损坏而面临倒塌的危险。尽管如此，一位勇敢的司机还是决定让客运列车从这座桥上开过去（如图 33）。

“——不行的，桥可能会坍塌！”

“——没关系，只要让火车开足马力，我们就有机会通过它。”

只见火车以不可思议的速度向前行驶。发动机的活塞达到了一秒钟进退 20 次的频率。车轴冒着火光，整列火车仿佛脱离了铁轨。列车的重力好像也消失了……列车开过了吊桥！从断桥这一岸飞到了另一岸。但在火车飞过的一瞬间，桥就轰然倒塌，落到了水中。

图 33 儒勒·凡尔纳小说中的吊桥插图

这个故事情节是否可信？速度真的可以使重力消失吗？我们知道，快速行驶的列车比慢速行驶的列车对轨道造成的损伤更大，因为铁路的路基要承受更高的负荷。因此，在一些路基脆弱的地方，列车通常会缓慢行驶。但是，在这个情节中，情况却是相反的。这真的可以实现吗？

事实证明，所述情节并非毫无道理。在某些条件下，即使下方桥面已经倒塌，火车也可以避免失事。关键在于，火车需要在极短的时间内以极高的速度过桥。在如此短的时间内，桥梁根本没有时间坍塌，因此列车是完全可以开过去的。下面我们来进行一个粗略的计算。列车驱动轮的直径为 1.3 米。“发送机每秒进退 20 次”相当于驱动轮每秒转 10 圈。也就是说：在 1 秒钟的时间里，车轮走过的距离是 $10 \times 3.14 \times 1.3 \approx 41$（米），即火车的速度为 41 米/秒。山里的溪流一般都不宽，假设这座桥的长度是 10 米。火车以极大的速度通过这座桥的时间大概就是 $\frac{1}{4}$ 秒。由此，我们可以计算出桥梁下落的距离：

$$\frac{1}{2}gt^2=\frac{1}{2}\times9.8\times\frac{1}{16}\approx0.3\text{（米）}$$

即使桥梁在瞬间开始坍塌，且下落的距离约为 30 厘米，火车前部也无法在 $\frac{1}{4}$ 秒的时间内下降至 30 厘米。毕竟桥不是两端同时断裂，而是火车开进的那一端先断裂。当桥的这一部分开始坍塌，吊桥下降的高度只有几厘米，对面一端仍然与河岸相通。所以，在对面一端完全断裂之前，列车完全可能在短暂的时

间内到达对岸。这就是小说中所描述的“列车的重力好像消失了”的原理。

不过，需要指出的是，这段情节依然存在不真实性。“发动机每秒进退 20 次”相当于列车的速度是 150 千米 / 小时。当时的蒸汽机可是达不到这个速度的。

此外，当我们在冰面上滑行时，也可能会遇到这样的情况。有时候我们需要在薄冰处以非常快的速度滑过，如果缓慢滑行，冰面很可能在我们脚下即刻破裂。

“列车的重力好像消失了”的情况也同样适用于车辆在拱桥上行驶。当车辆在拱桥上快速行驶时，对拱桥的压力也会减小。

A. A. 伊格纳季耶夫少将在瑞典期间曾观察到一个有趣的现象。以下是他在《行进的五十年》一书中写的内容：

> 覆盖在海面上的冰，由于光滑和富有弹性，是训练马匹的理想场地。马蹄上钉有锋利的钉子。随着温暖的日子临近，骑马这项运动变得越来越受欢迎。冰面越来越薄，在上面骑马很危险。当人们骑马时，会听到冰面在马蹄下面破裂的声音，但冰块破裂的速度远比马奔跑的速度慢。

三 条 轨 道

【题目】如图 34 所示，在垂直的墙壁上画一个圆，其直径为 1 米。从它的顶点 A 沿着轨道 AB 和 AC 分别装有两道凹槽。从 A 点同时发射三颗弹丸，其中一颗自由竖直落下，另外两颗沿着光滑的凹槽滑动。假设凹槽里面没有摩擦。那么三颗弹丸中，哪颗最先到达圆周的边上？

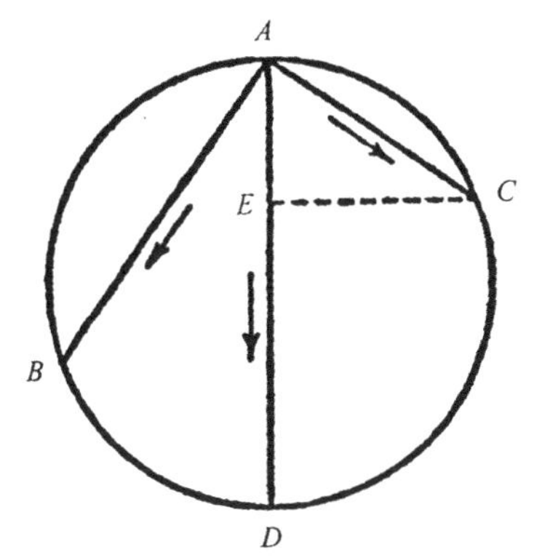

图 34 三颗弹丸的滑落轨道

【解答】由于凹槽 AC 的路径最短，所以人们通常会认为，沿着 AC 滑动的弹丸会首先到达圆周，而从凹槽 AB 下滑的弹丸第二个到达，最后到达圆周的是竖直下落的弹丸。

实验证明，这些结论是错误的。事实上，所有弹丸同时到达圆周。

这是为什么呢？原因在于，虽然三颗弹丸运动的距离不同，但它们的运动速度也不同：竖直下落的弹丸速度最快；在凹槽上滑动的两个弹丸中，坡度较缓的弹丸速度最慢。也就是说，运动距离越长的弹丸速度越快，更快的速度所带来的优势正好弥补了较长距离所带来的损失。

下面我们来证明一下。沿铅垂线 AD 下落的时间 t 可以用下列公式计算（不考虑空气阻力）：

$$AD=\frac{gt^2}{2}$$

$$t=\sqrt{\frac{2AD}{g}}$$

沿凹槽 AC 下滑的弹丸的运动时间 t_1 为：

$$t_1=\sqrt{\frac{2AC}{a}}$$

其中，a 为沿凹槽 AC 运动的弹丸的加速度，我们可以得出：

$$\frac{a}{g}=\frac{AE}{AC}\text{，}a=\frac{AE\cdot g}{AC}$$

由图 34，我们可以知道：

$$\frac{AE}{AC}=\frac{AC}{AD}$$

可得：

$$a=\frac{AC}{AD}\cdot g$$

可得：

$$t_1=\sqrt{\frac{2AC}{a}}=\sqrt{\frac{2AC\cdot AD}{AC\cdot g}}=\sqrt{\frac{2AD}{g}}=t$$

也就是说，从凹槽 AC 下滑的时间 t_1 与竖直下落的时间 t 相等。同样，我们还可以推断出：从 A 点出发的所有弦的下滑时间都相等。

其实，这个问题还可以用另一种方式求解。在重力作用下，将三颗弹丸分别从垂直圆周上的三个点放下，沿着弦线 AD、BD 和 CD 下滑（如图 35）。那么，哪颗弹丸先到达 D 点？对于这个题目，相信读者已经可以很轻松地得出答案了，三颗弹丸将同时到达 D 点。

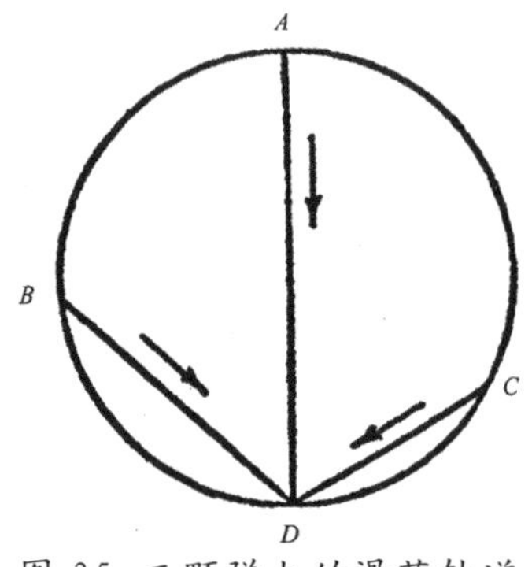

图 35 三颗弹丸的滑落轨道

伽利略在其著作《关于两个新的科学学科的谈话》一书中提出并解决了这个问题，其中首次提出了物体下落定律：

> 如果从高出地平线的一个圆的最高点向圆周分别引出不同的斜面，那么物体在这些斜面上的下落时间是一样的。

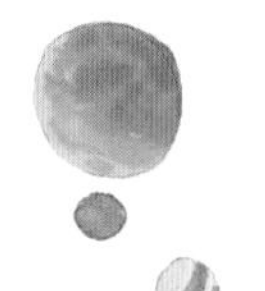

关于四块石头的问题

【题目】将四块石头以同样的速度从塔顶抛出：第一块垂直向上抛出，第二块垂直向下，第三块水平向右，第四块水平向左。

如果不考虑空气阻力，在四块石头下落的某个瞬间，如果以它们到达的点为顶点画一个四边形，这个四边形的形状是什么样的？

【解答】大多数人在回答这个问题时都会认为，这个四边形的形状应该类似于一个风筝。推理过程如下：往正上方扔的石头比往正下方扔的石头运动得慢，而往两侧扔的石头将以相同的速度沿着对称的曲线运动。然而，这里人们忽略了一个问题：这个四边形的中心点是以什么速度下落的？

如果我们换一种思路来考虑这个问题，可能会更容易得出答案。那就是：我们首先假设石头的重力不存在。

在这种情况下，每时每刻以这四块石头为顶点形成的四边形都正好是一个正方形。

但是，如果我们考虑了重力，情况会有什么不同？在不考虑空气阻力的前提下，所有物体在无阻力的介质中，都以相同的速度下落。在重力作用下，四块石头下落的距离也是相等的。也就是说，即便考虑重力的影响，这四块石头也始终位于正方形的顶点上。四边形将平行移动，并保持正方形的形状。

关于两块石头的问题

【题目】将两块石头从塔顶以 3 米 / 秒的速度抛出：一块垂直向上，另一块垂直向下。请问，如果忽略空气阻力，它们相互远离的速度是多少？

【解答】根据前面的推理，我们很容易得出正确的结论，即两块石头相互远离的速度是 3 + 3 = 6 （米 / 秒）。虽然看起来很奇怪，但这个速度并不重要：对于任何天体（地球、月球、木星等）的运动，这个答案都是适用的。

球能飞多高？

【题目】一名球员从 28 米外将球抛给他的伙伴，球在空中飞行的时间是 4 秒钟。请问，球能飞到的最远距离是多少？

【解答】球已经飞行了 4 秒钟，且同时在水平和垂直方向上运动。因此，上升和回落共用了 4 秒钟，其中上升用了 2 秒，回落用了 2 秒（力学定律证明，上升时间等于回落时间）。所以，球下落的距离为：

$$S=\frac{gt^2}{2}=\frac{9.8\times 2^2}{2}=19.6\text{（米）}$$

由此可知，球所能达到的最远距离约为 20 米。球员之间 28 米的距离在我们的计算中根本用不到。

需要指出的是，在球速不是很快的情况下，空气阻力可以忽略不计。

◈第五章◈

圆周运动

什么是“向心力”？

在后面的章节中，我们可能会遇到一些不常见的概念。下面我们通过一个例子来说明一下。

在一张光滑的桌面中央钉一个钉子，一个小球被一根线拴在这个钉子上（如图 36）。弹一下这个小球，就会给它一个初速度 v。只要线没有被拉紧，它就会在惯性的作用下向前做匀速直线运动。而一旦线被拉紧，球将开始以一个恒定的速度，以钉子为圆心做圆周运动。如果此时线突然被烧断（如图 37），那么，小球将在惯性作用下，沿着圆周的切线方向飞出。这就像我们用砂轮磨刀的时候，火花会沿着砂轮的切线方向飞出一样。正是由于线的张力，小球改变了原本惯性作用下的匀速直线运动，转而进行圆周运动。同时，根据牛顿力学第二定律，力与加速度成正比，且方向与加速度的方向相同。因此，线的张力还会给球一个加速度，这个加速度指向力的方向，也就是指向位于圆心的钉子。小球在惯性作用下趋向于远离圆心，想继续进行之前的匀速直线运动；而线的张力则使它不得不围绕圆心做圆周运动。所以，我们将这个张力称为向心力，将这里的加速度称为向心加速度。

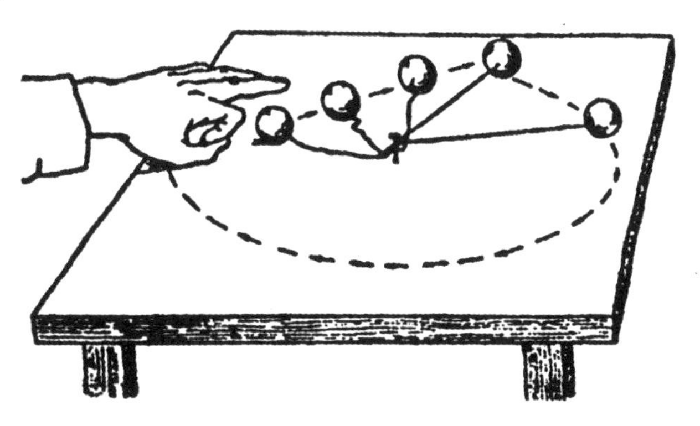

图 36 将线拉直后，小球匀速做圆周运动

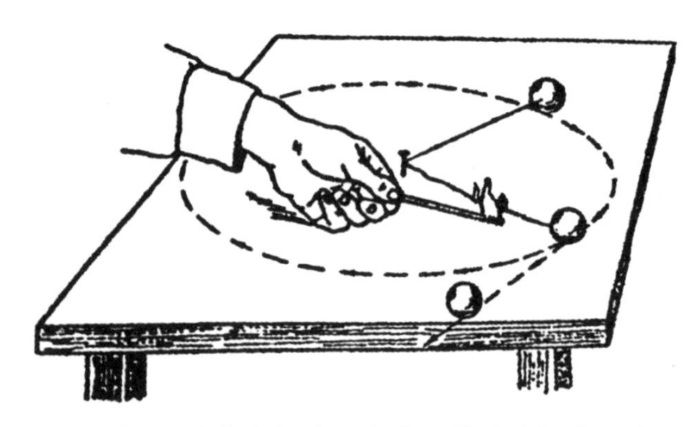

图 37 将线烧断后，小球沿圆周的切线飞出

假设小球进行圆周运动的速度为 v，圆周的半径为 R，那么，我们可以求出向心加速度 a：

$$a=\frac{v^2}{R}$$

根据牛顿第二定律，我们还可以求出向心力 F 的值：

$$F=ma=m\frac{v^2}{R}$$

下面我们来推导向心加速度的公式。假设小球在某个时刻运动到了 A 点（球已经开始进行圆周运动）。此时，如果线被烧断，小球将在某个极短的时间间隔 t 内沿着圆周切线的方向飞出去，到达 B 点结束（如图 38）。那么小球在时间 t 内运动的距离就是 $AB = vt$。前文提到，在线被烧断之前，线的张力就是小球受到的向心力，从而使小球做圆周运动。在同样的时间 t 内，小球将会到达圆周上的 C 点。如果我们过 C 点作垂直于半径 OA 的垂线 CD，那么 CD 这段距离将等于小球受到

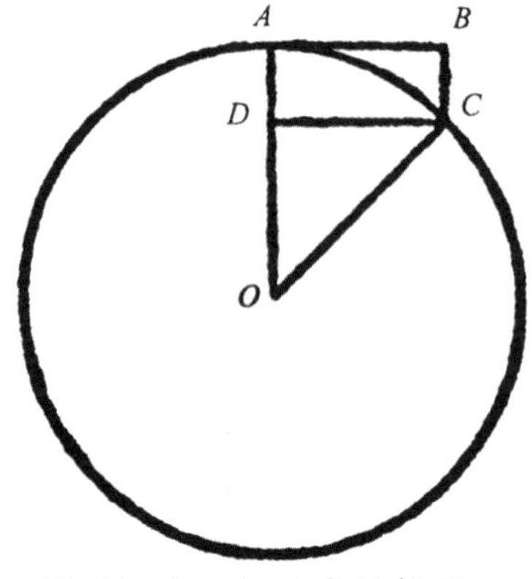

图 38 向心加速度的推导

向心力作用时运动的距离。这段距离是根据匀加速运动公式计算的，且假设初始速度为 0：

$$AD=\frac{at^2}{2}$$

其中，a 是向心加速度。根据勾股定理，我们得知：

$$OC^2=OD^2+DC^2$$

已知：

$$CD=AB=vt$$

$$OD=OA-AD=R-\frac{at^2}{2}$$

$$OC=R$$

可得：

$$R^2=\left(R-\frac{at^2}{2}\right)^2+(vt)^2$$

$$R^2=R^2-Rat^2+\frac{a^2t^4}{4}+v^2t^2$$

$$Ra=v^2+\frac{a^2t^2}{4}$$

这里我们讨论的时间 t 是非常短暂的，几乎为 0。而上式中含有 t 的项只有一个，即 $\frac{a^2t^2}{4}$，这个数值更小，我们可以忽略不计。于是，就得到了下面的式子：

$$a=\frac{v^2}{R}$$

什么是“第一宇宙速度”？

伟大的俄罗斯科学家康斯坦丁·埃杜阿尔多维奇·齐奥尔科夫斯基曾写下这样一段话：

> 人类不会仅仅停留在地球上，而是会为了追求光明和空间，先是试探性地探索大气层外缘，然后征服太阳周围的所有空间。

如今，这位星际飞行科学的创始人的预言正一步步被实现。对外太空的探索已经开始。在人造地球卫星发射成功之后，苏联的科学家和工程师们将第一颗人造行星送入轨道，成功把火箭送上月球，还完成了苏联第三个宇宙火箭的绕月飞行。

我们可能会疑惑，为什么人造卫星可以在太空飞行，却不会掉到地球上呢？毕竟，所有位于地球上方的物体，都会在地球引力的作用下回落。这是因为，运载人造卫星的火箭是多级的，它带给人造卫星一个非常大的速度，约为8千米/秒。

一个物体在获得这一巨大速度后，就不会再回到地球表面，而是成为一颗人造卫星。在地球引力的作用下，它将围绕地球做曲线运动。确切地说，它将沿着一个封闭的椭圆形轨道运动。

其实，在特殊情况下，卫星轨道也可以是一个以地球为中心的圆周。下面让我们来计算一下，卫星沿圆周轨道的运动速度是多少。

人造卫星在向心力的作用下，在圆周轨道上飞行。当然，这个向心力就是地球引力。假设人造卫星的质量为 m，其圆周运动的速度为 v，其轨道半径为 R，那么，向心力 F 的值可以表示为：

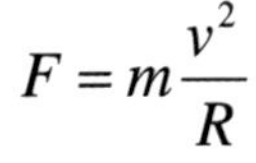

$$F=m\frac{v^2}{R}$$

另外，根据万有引力定律，可知：

$$F=\gamma\frac{mM}{R^2}$$

其中，M 表示地球的质量，γ 表示引力常数。

结合两个式子，可得：

$$m\frac{v^2}{R}=\gamma\frac{mM}{R^2}$$

所以，速度 v 的值为：

$$v=\sqrt{\frac{\gamma M}{R}}$$

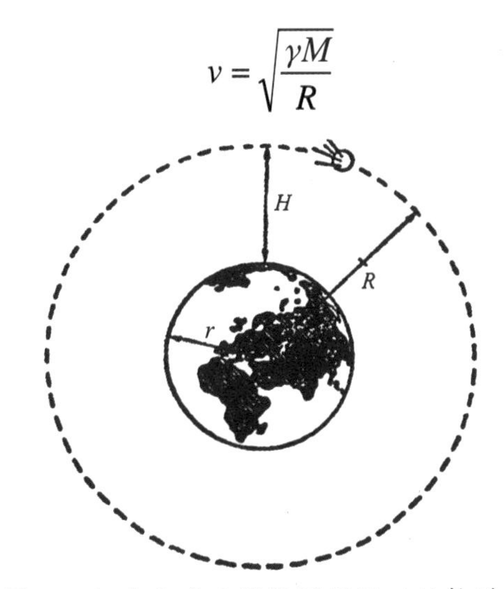

图 39 人造地球卫星做圆周运动的轨道

如果人造地球卫星距离地球表面的高度为 H，地球半径为 r（如图 39），那么上面的式子可以转化为：

$$v=\sqrt{\frac{\gamma M}{r+H}}$$

为简化计算过程，我们可以对上式做进一步转化。已知地球表面的物体受到的引力为 mg，也就是

$$mg=\gamma\frac{mM}{r^2}$$

可得：

$$\gamma M=gr^2$$

进一步可得出：

$$v=\sqrt{\frac{gr^2}{r+H}}=r\sqrt{\frac{g}{r+H}}$$

需要指出的是，在该式中 g 为地球表面的重力加速度。

如果公式中的 H 比较小，跟地球半径比起来可以忽略不计，我们就可以认为 $H \approx 0$，所以上式可以简化为：

$$v = r\sqrt{\frac{g}{r}} = \sqrt{gr}$$

在第二个式子中，我们取重力加速度 g = 9.81 米 / 平方秒，地球半径 r = 6378 千米，将两个数值代入公式，就可以得到第一宇宙速度：

$$v = \sqrt{9.81 \times 10^{-3} \times 6378} = 7.9 \text{（千米 / 秒）}$$

因此，当人造地球卫星围绕地球做圆周运动时，它的速度为 7.9 千米 / 秒，这就是第一宇宙速度。当然，现实情况下，由于地球表面不平坦，又存在空气阻力，卫星不可能沿着这样的圆周轨道运动，轨道速度会随着圆周轨道高度的增加而减小。

静止人造地球卫星

根据卫星圆周运动的速度公式，我们发现，圆周运动的速度大小以及卫星绕行地球一周的时间长短，都会随着飞行高度的变化而变化。显然，在某一高度上，卫星将恰好每 24 小时绕行地球一周。此外，如果这颗卫星正在赤道平面上自西向东运动，那么，其角速度将与地球自转的角速度相等，卫星看起来就像在赤道某点上方静止不动。这样的卫星被称为静止人造卫星。下面我们来计算一下静止人造卫星的运动速度。

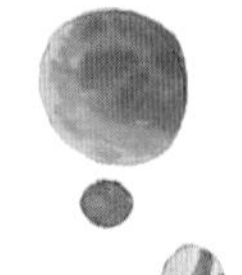

卫星在圆形轨道上绕行一周的时间 T 等于圆周长度 $2\pi(r+H)$ 和圆周运动速度 $v = r\sqrt{\frac{g}{r+H}}$ 的比率：$T = \frac{2\pi(r+H)}{r\sqrt{\frac{g}{r+H}}}$

根据这个公式，可以通过 T、r、g 的值来计算高度 H：

$$\frac{T \cdot r\sqrt{g}}{2\pi} = (r+H)\sqrt{r+H}$$

去掉根式，可得：

$$(r+H)^3 = \frac{T^2 r^2 g}{4\pi^2}$$

进一步转化，可得：

$$H = \sqrt[3]{\frac{T^2 r^2 g}{4\pi^2}} - r$$

静止人造卫星绕地球一周的时间等于一个恒星日，即 23 小时 56 分 4 秒或 86164 秒。下面我们把 $T = 86164$ 米 / 秒，$r = 6378000$ 米（地球赤道半径），$g = 9.81$ 米 / 平方秒（地球引力加速度）代入这个公式：

$$H = \sqrt[3]{\frac{86164^2 \times 6378^2 \times 9.81 \times 10^{-3}}{4\pi^3}} - 6378 \approx 35800 \text{（千米）}$$

已知飞行高度 $H = 35800$ 千米，$r + H \approx 42200$ 千米，也就不难计算出圆周运动的速度了：

$$v = r\sqrt{\frac{g}{r+H}} = 6378 \times \sqrt{\frac{9.81 \times 10^{-3}}{42200}} \approx 3.1 \text{（千米 / 秒）}$$

因此，一颗人造卫星在赤道上空 35800 千米的高度，以 3.1 千米 / 秒的速度自西向东做圆周运动，任何时刻都会在赤道上空的同一点上。人们可以在地球广袤的地域上同时观察到这颗卫星，且从任何一个观察点来看，卫星始终位于天上的同一地点。同样的道理，地面上所有观察点也能同时被卫星上的设备观察到。正是由于相对于地球表面的固定性和其巨大的观察范围，静止人造卫星常被应用于电视台的转播。

超简便的增重法

我们在看望病人的时候，常常希望他们“吃胖一点”，从而尽快康复。如果我们仅仅想让他们增加体重，而不需要增加营养，也不必注意健康，这里就有一个非常简便的方法——坐到如图 40 所示的旋转木马上。此时，人们可能根本没有意识到他们的体重增加了。下面我们通过一个简单的计算来了解一下。

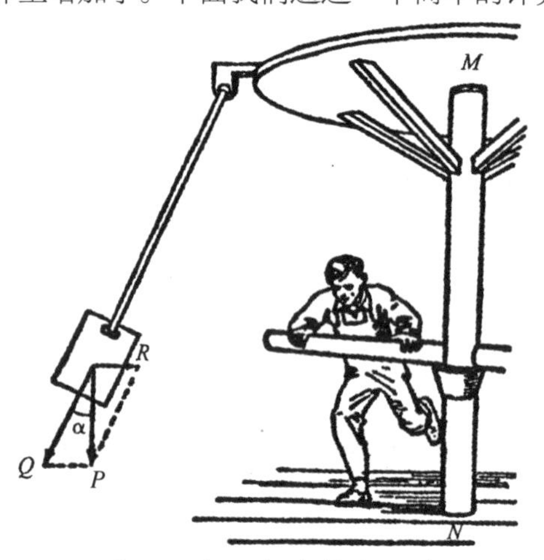

图 40 作用在旋转木马车厢上的力

如图 40 所示，假设 MN 为旋转木马旋转时的轴。当旋转木马旋转时，悬挂在木马上的小车就会载着乘客一起沿切线方向做圆周运动。此时，车厢和乘客会远离轴线，呈现图中所示的倾斜位置。在这种状态下，乘客的体重 P 被分解成两个力：一个是力 R，水平垂直于轴线 MN，作为支持圆周运动的向心力；另一个是力 Q，与绳索同向，将乘客压在座位上，乘客因此感觉自己增加了“新的重量”，从而让自己的体重大于 P，等于 $\frac{P}{\cos\alpha}$。那么，P 和 Q 之间的角度 α 的值是多少呢？我们需要知道向心力 R 的值，它得到的向心加速度为：

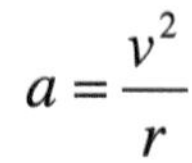

$$a=\frac{v^2}{r}$$

其中，v 为车厢中心的速度，r 为圆周运动的半径，也就是车厢重心到轴 MN 的距离。假设半径 r 的值为 6 米，旋转木马的转速为 4 转 / 分钟，也就是说，车厢 1 秒内转 $\frac{1}{15}$ 圆周，可得圆周速度 v：

$$v=\frac{1}{15}\times 2\times 3.14\times 6\approx 2.5\text{（米 / 秒）}$$

力 R 得到的向心加速度 a 为：

$$a=\frac{v^2}{r}=\frac{250^2}{600}\approx 104\text{（厘米 / 秒}^2\text{）}$$

由于力 R 与向心加速度 a 成正比，因此：

$$\tan\alpha=\frac{104}{980}\approx 0.1\text{，可得 }\alpha\approx 7^\circ$$

由前文得知，“新的体重” $Q=\frac{P}{\cos\alpha}$ ，因此：

$$Q=\frac{P}{\cos 7^\circ}=\frac{P}{0.94}=1.006P$$

如果一个人在正常情况下体重为 60 千克，那么他坐在旋转木马上将增加约 360 克的体重。

如果说坐在一个普通的、转速比较缓慢的旋转木马上，人是难以察觉重量增加的。而如果坐在快速旋转且半径极小的离心装置上，在某些情况下，人的体重将会增加到原来的很多倍。有一种设备叫作“超速离心机”，转速可达每分钟 80000 转。该装置可以使人的体重增加到原来的 25 万倍！在这个装置上，即使是一粒只有 1 毫克的水滴，它的重力也可以达到 $\frac{1}{4}$ 千克。

运用大型离心机来检验人对大幅超重状态的忍耐力，对未来的星际探索具有重要意义。通过某种方式选择一定的旋转半径和速度，就有可能使测试对象增加所需要的体重。实验证明，一个人完全能够在几分钟内承受四到五倍于自身体重的重量，而且不会受到伤害，这就保证他可以安全地飞向太空。

知道了这些后，你可能更希望你生病的朋友增强身体素质，而不仅仅是增加体重了吧。

存在安全隐患的“旋转飞机”

在莫斯科的一个公园里，人们想设计一个新的游览项目。设计者以孩子们玩的“转绳”为模型，将一些飞机模型安装到绳索（或杆）的末端。当绳索快速旋转时，飞机模型就会向上抬起并被抛出，乘客就坐在其中。设计者希望“旋转飞机”的转数能够达到某个数值，从而使绳索或杆子达到接近水平的位置。但遗憾的是，这个想法根本无法实现。因为，只有当绳子有一个明显的倾斜角度，才能保证乘客的安全。假设一个人能够承受 3 倍于自身体重的重量而不会受到伤害，那么，我们可以计算出绳子与垂直方向的最大倾斜角度。

在上一篇文章中，图 40 所示情形对我们的计算也有帮助。假设人体可以承受的最大重量 Q 是自然状态下体重 P 的 3 倍，即：

$$\frac{Q}{P}=3$$

同时，

$$\frac{Q}{P}=\frac{1}{\cos\alpha}$$

因此：

$$\frac{1}{\cos\alpha}=3$$

$$\cos\alpha=\frac{1}{3}\approx 0.3$$

可得：

$$\alpha\approx 71^{\circ}$$

因此，绳索偏离竖直线的角度不能超过 71°，也就是说，绳索与水平线之间的夹角不小于 19°。

图 41 展示了这种类型的游览项目。可以看出，此时绳索的倾斜度远远低于极限值。

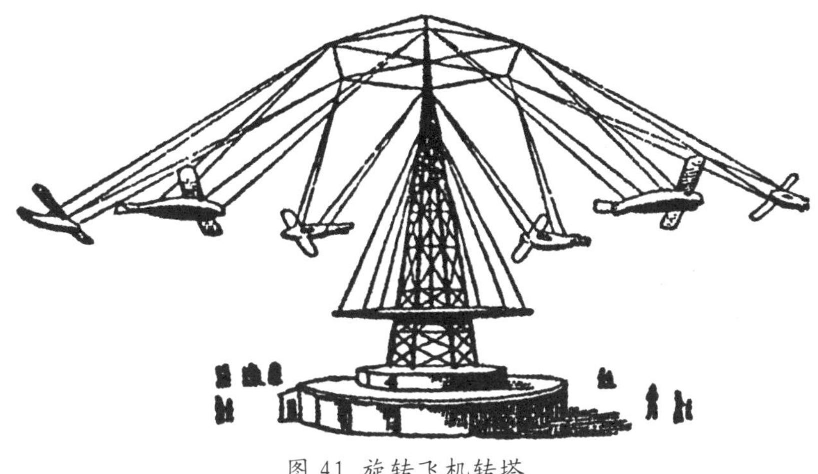

图 41　旋转飞机转塔

铁轨在转弯时为什么会倾斜？

一位物理学家说过："有一天，我坐火车旅行，在火车转弯的时候，突然发现铁路附近的树木、房屋和工厂烟囱都变得倾斜了。"

如果读者朋友乘坐火车的时候注意观察，一定也会发现类似的现象。

对于这个现象，该如何解释呢？难道是因为在弯道处，外轨的位置比内轨高一些，所以火车在弯道处运行时倾斜着前进吗？当然不是这样。如果你不是在"倾斜的"车内，而是从窗户探出身子往外看，去观察周围的环境，你也会有同样的错觉。

在前面的文章中，我们已经对这种现象进行了分析，所以这里没有必要再做

具体的解释了。读者们可能已经猜到了，如果在车顶挂有一个悬锤，在火车转弯的时候，一样也会呈现倾斜的状态。这是因为在火车转弯的时候，对坐在车上的人来说，有了一条新的竖直线，并取代了原来的竖直线。所有本来处于竖直状态的物体都变成倾斜的了。[1]

如图 42 所示，我们可以计算出新的竖直线方向。其中，P 代表重力，R 代表向心力，Q 是乘客感受到的重力。车上的所有物体都会向这个方向倾斜，新的竖直线与原来的竖直线之间的夹角 α 可以根据下列公式计算：

$$\tan\alpha = \frac{R}{P}$$

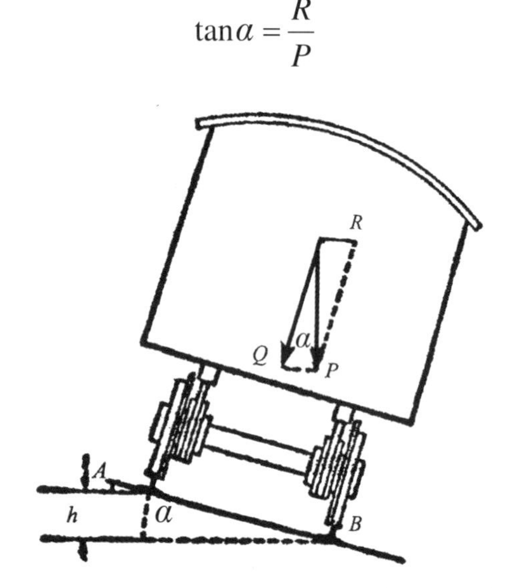

图 42 上部分为火车在转弯时受到的力的示意图，
下部分为铁轨截面的倾斜高度示意图

而由于力 R 与向心加速度 $\frac{v^2}{r}$ 成正比，其中 v 代表火车的速度，r 代表转弯处圆弧的半径，力 P 与重力加速度 g 成正比，可得：

$$\tan\alpha = \frac{v^2}{r} \div g = \frac{v^2}{gr}$$

① 由于地球自转，地球表面的各点沿着弧线移动，所以地表上的铅垂线不是严格指向我们星球的中心，而是会偏离一个小小的角度（在列宁格勒这个角度是 4′；在 45° 纬线，这个角度达到最大值——6′；在极地和赤道这个角度为 0）。

假设火车速度为 18 米 / 秒，转弯处圆弧的半径为 600 米，可得：

$$\tan\alpha = \frac{18^2}{600\times 9.8} \approx 0.055$$

因此：

$$\alpha \approx 3^\circ$$

在这种情况下，我们难免会认为这个假想的方向就是竖直线。而事实上，新的竖直线与原本的竖直线之间的夹角为 3°。在一些转弯半径较小，或者转弯比较多的情境下，乘客看到的景物甚至会偏离 10° 以上。

为了使火车转弯的时候仍然保持平稳，在弯道处铺设铁轨时，外轨要高于内轨，其高度应根据倾斜角度来确定。比如，在图 42 中，假设外轨与内轨的高度差为 h，我们可以根据下列公式来计算：

$$\frac{h}{AB} = \sin\alpha$$

其中，AB 表示两条铁轨之间的距离，一般为 1.5 米，角 α 的角度已知为 3°，$\sin\alpha = \sin 3^\circ = 0.052$，可得：

$$h = AB\sin\alpha = 1500\times 0.052 \approx 80\text{（毫米）}$$

通过计算，我们得出，外轨应比内轨高 80 毫米。当然了，这个高度差只适用于一定的速度，并不适用于所有的行车速度。所以，在铺设弯道处的铁轨时，要考虑到相应的行车速度。

神奇的赛道

如果你站在铁轨拐弯的部分，你可能很难注意到内外铁轨的高度差。但是，如果是环形的自行车赛道，就是另一回事了。在这种情况下，拐弯处的曲率半径

都很小，自行车的速度相当快，所以赛道的倾斜角度会很大。比如，当速度为 72 千米 / 小时（20 米 / 秒），赛道的曲率半径为 100 米时，倾斜角就是：

$$\tan\alpha = \frac{v^2}{r} \div g = \frac{400}{100 \times 9.8} \approx 0.4$$

可得：

$$\alpha \approx 22^\circ$$

显然，在这种倾斜的路面上，行人可能根本站不住。但是，对于参加自行车比赛的选手来说，只有在这种赛道上行驶，他们才感觉自行车是平稳的。这就是重力作用的神奇现象。当然，汽车比赛用的赛道也是如此。

在马戏团里，人们经常看到许多离奇的表演，但这些表演并没有违背力学定律。比如，马戏团表演的表演者在半径为 5 米或更小的“漏斗”（或“篮子”）中骑着自行车转圈，如果自行车的速度为 10 米 / 秒，那么，“漏斗”的坡度必须非常陡峭。这个角度可以计算为：

$$\tan\alpha = \frac{10^2}{5 \times 9.8} \approx 2.04$$

可得：

$$\alpha \approx 63^\circ$$

观众可能以为，表演者只有拥有非凡的灵巧和技术，才能在如此陡峭的斜坡上表演骑自行车。而实际上，根据力学定律，只有在这样的斜坡上，表演者在一定的速度下才能保持平衡。

倾斜的地平面

当人们看到飞机在天上转弯时倾斜得那么厉害，会自然而然地想到，飞行员该采取必要的预防措施了，不然一不小心掉下来怎么办。然而，在现实中，飞行员甚至感觉不到他的飞机在倾斜，反而认为飞机处于水平状态，但他能够感受到自己的体重在增加，还能观察到下方地面变得倾斜了。

下面我们简单估算一下，在飞行员进行转弯的过程中，他看到的水平面“倾斜”了多少度，以及他的体重“增加”了多少。

如图 43 所示，已知飞行员驾驶飞机的速度为 216 千米 / 小时（60 米 / 秒），飞机的旋转直径为 140 米，那么，它的倾斜角 α 为：

$$\tan\alpha = \frac{v^2}{r} \div g = \frac{60^2}{70\times 9.8} \approx 5.2$$

可得：

$$\alpha \approx 79^\circ$$

理论上，对于飞行员来说，他看到的地面应该几乎竖了起来，并且与垂直方向的角度仅为 11°（如图 44）。

图 43　飞行员在空中螺旋式飞行

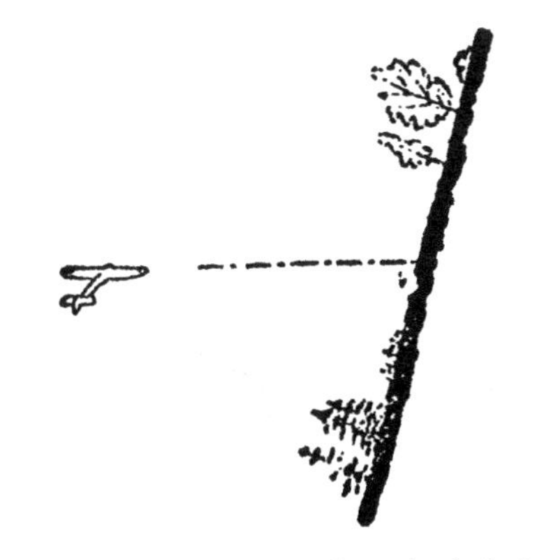

图 44　图 43 中飞行员眼中的地平面

在实际情况下，或许由于生理原因，飞行员看到的地面倾斜角度并没有那么大。

如图 43 所示，飞行员“增加的体重”与自然状态下的重力之间的比值等于它们之间角度的余弦的倒数。这一角度的正切值为：

$$\tan\alpha = \frac{v^2}{r} \div g \approx 5.2$$

根据三角函数表，我们发现 $\cos\alpha = 0.19$，其倒数就是 5.3。也就是说，在转弯的过程中，飞行员感受到自己的体重是直线行驶时体重的 5 倍多。

如图 45 和图 46 所示，飞行员看到的地面与水平位置存在偏差。

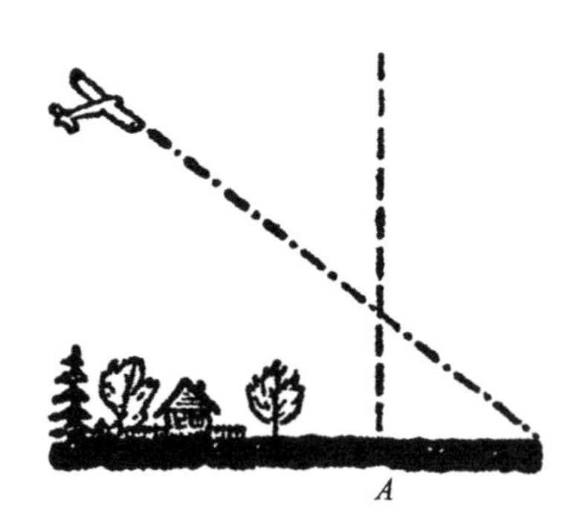

图 45 飞行员以 190 千米 / 小时的速度进行半径为 520 米的曲线飞行

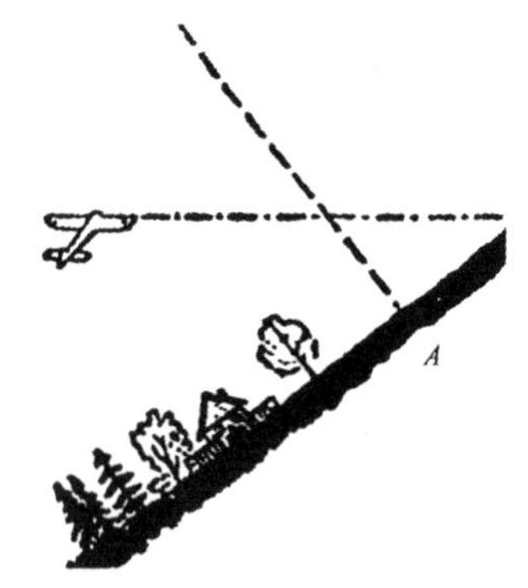

图 46 图 45 中飞行员眼中的地平面

对飞行员来说，人为增加过多的重量会对身体造成致命的伤害。据说，曾经有一名飞行员在进行急转弯飞行时，突然感觉自己被牢牢“拴”在了座位上，甚至无力做出手臂的动作。后来的计算结果表明，他的身体承受了原来体重的 8 倍重力。最终，经过艰辛的努力，这位飞行员没有遇难。

溪流为什么是蜿蜒流淌的？

很久以前，人们就知道，溪流像爬行的蛇一样，总是弯曲前进。这当然不是因为地形的原因。人们发现，即使地形非常平坦，溪流一样也是蜿蜒曲折流淌的。对此人们感到十分困惑：为什么在平坦的地方，溪流却没有沿直线方向流淌呢?

然而，仔细观察，你会发现一件意想不到的事情：溪流沿直线方向流动最不稳定。即使是在地势平坦的地方，溪流也无法实现笔直地前进。溪流只有在理想条件下才能保持其直线方向，而在现实中，这种条件不可能实现。

假设存在这样一条河，它在一个土壤结构大致相同的地面上严格按照直线方向流动。我们下面的论述将表明，这种状态并不会长期维持下去。

可能由于偶然的原因，比如土壤的细微差别，水流在某些地方会有一些改变。偏离了原来的方向，那河流后面还会回到原来的方向吗？答案是否定的。河流的弯曲程度只会继续加深。在弯道处（如图 47），原本直线运动的水将沿曲线流动。水流在离心力的作用下压向凹岸 A，同时远离凸岸 B。凹面会因冲刷而加深，弯道的曲率增大，离心力也会增加，这反过来又会进一步冲刷凹岸。你看，这些解释就足够了，即使发生了最微小的弯道，它也会不受控制地继续弯下去。

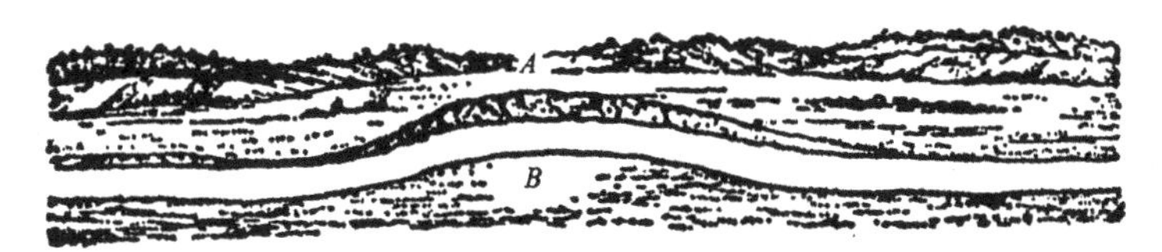

图 47 在离心力的作用下，一些细小水流的弯曲度不断增加

在离心力的作用下，凹岸的水流比凸岸的水流更快。于是，水中的土壤颗粒就会沉积在凸岸附近，而凹岸上的颗粒则被冲洗得越来越少，使河流在凹岸一侧变得更深一些。

这就导致凸岸变得平缓，并且更加凸出，而凹岸则变得更加陡峭。

对于河流来说，哪怕是一个偶然的微小的原因，也会导致河流发生轻微的弯曲，这几乎是不可避免的。而后，弯道的形成和深度的增长也是不可避免的。经过足够长的时间后，河流就具有了曲折的特性。这种特性被称为“蜿蜒”，意思是蛇类曲折前行的样子。这个词语源自位于小亚细亚西部的一条迈安德尔河，其蜿蜒曲折的河道让人们惊叹不已，人们遂以它的名字命名这一特性。

如图 48 所示，下面我们来研究一下河流弯曲发展的变化。在图 48（a）中，河流还只是略微弯曲；在图 48（b）中，水流已经成功破坏了凹陷的河岸，并稍微远离平缓的凸岸；在图 48（c）中，河床变得更宽；在图 48（d）中，河流的弯曲部分已经变成了一个宽阔的河谷，其中河床只占了很小一部分。在图 48（e、f）中，河谷进一步发展扩大；在图 48（g）中，河床的弯曲程度已经很厉害了，几乎成了一个环形；最后，在图 48（h）中，河流在靠近弯曲河床的部分断流并改变其路线，在被冲刷的河谷凹陷部分留下所谓的“弓形湖”或“旧河道”，被遗弃的河床上出现了一潭死水。

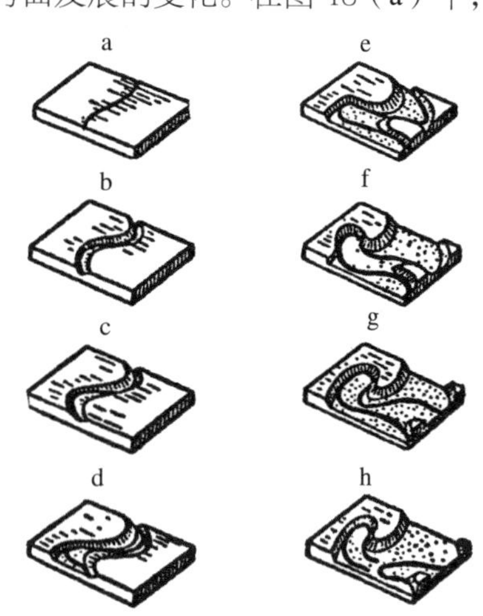

图 48 河流弯曲进程示意图

通过前面的分析，你们可能已经猜到了，为什么在平坦的河谷中，河流不是在中间或沿着某一边流动，而是从凹下去的一边流向凸出来的一边了。①

因此，力学原理决定了河流的地质命运。当然，我们提到的那些现象需要相当长的时间才能被我们注意到，这个时间间隔的单位可能以千年计。但我们依然能在许多细节中发现类似的现象。比如，每年春天，我们可以观察到，那些融化的雪水会冲出一条条蜿蜒的小水流，不过这个规模要小得多。

① 这里我们不考虑地球自转的影响，因为北半球的河流侵蚀右岸，而南半球的河流侵蚀左岸。

第六章

碰撞现象

$v_t^2 - v_0^2 = 2gh$

$W = Fs\cos\alpha$

$h = \frac{gt^2}{2}$

$W = Fs\cos\alpha$

$\frac{Gm_1m_2}{r^2} = F$

为什么要研究碰撞现象？

在力学中，有一部分内容是讨论物体碰撞的。这部分的知识通常不受学生们的喜爱。它涉及许多非常复杂的公式，学生们学得慢，忘得也快，所以会留下不愉快的回忆。但实际上，碰撞现象是值得高度关注的。曾几何时，人们甚至利用两个物体相互碰撞来解释其他的自然现象。

19 世纪著名自然学家居维叶曾说过这样一句话："如果没有碰撞，我们就不能清楚地了解原因和作用之间的确切关系。"我们可以理解为：不论是什么现象，只要把它看成两个物体的分子进行相互碰撞，就能解释清楚了。

然而，仅仅从这个角度来解释世界是行不通的：很多现象都不能这么解释，例如电气、光学、引力现象等等。尽管如此，即便到了现在，物体的碰撞原理在解释自然现象方面仍然发挥着非常重要的作用。让我们来回顾一下气体动力学理论。该理论把很多现象视为许多不断碰撞的分子间的无序运动。我们在日常生活和工程技术的发展中也会经常遇到物体间的碰撞现象。比如，所有承受撞击的机器和建筑，它们各部分的设计都必须能够承受撞击的压力。所以，在力学中，这一部分的内容是必不可少的。

碰撞力学

通过对物体碰撞力学原理的学习，我们可以预计碰撞后物体的速度是多少。不过，最终的速度还要取决于碰撞的物体是否有弹性。

在物体没有弹性的情况下，两个物体在碰撞后将获得相同的速度。我们可以通过它们的质量和初始速度，利用混合法求出碰撞后的速度。

以购买两种不同价格的咖啡为例，当3千克价格为8卢布/千克的咖啡与2千克价格为10卢布/千克的咖啡混合时，混合物的价格就是：

$$\frac{3\times8+2\times10}{3+2}=8.8\text{（卢布/千克）}$$

同样的道理，当一个质量为3千克，速度为8厘米/秒的非弹性体与另一个质量为2千克，速度为10厘米/秒的非弹性体相撞，两个物体最终的速度 u 将变成：

$$u=\frac{3\times8+2\times10}{3+2}=8.8\text{（厘米/秒）}$$

一般来说，如果两个没有弹性的物体的质量分别为 m_1 和 m_2，速度分别为 v_1 和 v_2，那么，它们撞击后的最终速度为：

$$u=\frac{m_1v_1+m_2v_2}{m_1+m_2}$$

如果我们把速度 v_1 的方向看作是正方向，那么碰撞后的速度 u 的方向就是这样的：

- 计算结果为正数，意味着速度 u 的方向与速度 v_1 的方向相同；
- 计算结果为负数，意味着速度 u 的方向与速度 v_1 的方向相反。

对于没有弹性的物体，只需要了解这些就够了。如果是弹性物体之间的碰撞，分析起来会更为复杂。这种物体在撞击时不仅会在接触的部位发生凹陷（非弹性体也是如此），随后还会发生凸起，最后又恢复成原来的形状。在发生凸起的第二阶段，撞过来的物体失去的速度与它在发生凹陷的第一阶段失去的速度一样多。

而对于被撞的物体来说，第二阶段获得的速度与第一阶段一样多。也就是说，速度快的物体损失了双倍的速度，速度慢的物体获得了双倍的速度。对于弹性物体之间的碰撞，记住这些也就可以了。剩下的就是一些纯粹的数学计算了。假设速度较快的物体速度为 v_1，另一个物体速度为 v_2，它们的质量分别为 m_1 和 m_2，这两个物体都没有弹性，那么在碰撞后，它们的速度为：

$$u=\frac{m_1v_1+m_2v_2}{m_1+m_2}$$

第一个物体失去的速度是 v_1-u，第二个物体获得的速度是 $u-v_2$。我们知道，在两个物体有弹性的情况下，损失和增益是双倍的，即 $2(v_1-u)$ 和 $2(u-v_2)$。因此，两个弹性物体碰撞后的速度就是：

$$u_1=v_1-2(v_1-u)=2u-v_1$$
$$u_2=v_2+2(u-v_2)=2u-v_2$$

只要把前面 u、v_1 和 v_2 的值代入这两个式子，就能得出两个弹性物体的速度值了。

至此，我们对两种极端的碰撞现象进行了研究，即完全无弹性的物体和完全弹性物体之间的碰撞。但是，在现实生活中，它们的中间情况才是更为常见的，也就是说，两个相互碰撞的物体既不是完全有弹性的，也不是完全无弹性的。进一步说，在完成碰撞的第一阶段后，它们并没有完全恢复原来的形状。这种情况该如何求解呢？后面，我们会讨论这个问题。目前，我们只需要知道这两种极端情况就足够了。

我们可以用下面简短的规则来理解弹性物体碰撞的情况：两个物体在碰撞后，会以碰撞前接近对方的相同速度远离对方。通过简单的思考，我们可以得出：

· 弹性物体在碰撞前相接近的速度为 v_1-v_2；

· 弹性物体在碰撞后相远离的速度为 u_1-u_2。

将前文 u_1、u_2 的表达式代入这个式子，可以得出：

$$u_2-u_1=2u-v_2-(2u-v_1)=v_1-v_2$$

这一性质非常重要，不仅因为它能清楚地反映弹性物体之间的碰撞现象，而且，它还包含着另一层意思。在推导公式时，我们谈到了“撞过去的物体”和“被撞的物体”。当然，这里的描述是对于未参与其中的旁观者而言。但在本书的第一章中（关于两个鸡蛋的问题），我们已经做出解释：“撞过去的物体”和“被撞的物体”之间并没有区别。即使这两个物体角色互换，对整个现象的本质也没有任何影响。对于本节中提到的问题，这一点也适用吗？如果我们把这两个角色互换一下，先前推导出的公式会不会有什么变化呢？

我们很容易看出，这种变化对上面的公式不会有任何影响。毕竟，无论从哪个角度看，两个物体在撞击前的速度差都是不变的，两个物体在撞击后速度也不会改变，仍然是 $u_2-u_1=v_1-v_2$。换句话说，两个物体最终的运动情形都是一样的。

我们来看一些弹性小球在碰撞过程中产生的很有意思的数据。两个钢球直径均为 7.5 厘米（约为台球大小）。它们以 1 米 / 秒的速度相撞，会产生 1500 千克的压力，并以 1 米 / 秒的速度被压缩。如果速度变为 2 米 / 秒，则会产生 3500 千克的压力。当两个钢球以不同的速度相撞时，接触部分圆弧的半径也不同：第一种情况下的半径是 1.2 毫米，第二种情况下是 1.6 毫米。但碰撞的持续时间是一样的，大约为 $\frac{1}{5000}$ 秒。这个时间非常短暂，因此钢球在这么大的压力下也不会被撞坏。

需要说明的是，只有对于小球来说，撞击的持续时间才会如此之短。通过计算可以得出，对于半径达 10000 千米的非常大的钢球，它们以 1 米 / 秒的速度碰撞，撞击的持续时间将是 40 小时。它们接触部分的圆弧半径为 12.5 千米，形成的压力将达到惊人的 4 亿吨！

关于皮球的弹跳高度

在前文中，我们推导出了一些关于物体碰撞的公式。但在实践中，这些公式并不能直接使用。这是因为，在现实中几乎很难找到“完全没有弹性”或“完全有弹性”的物体。绝大多数物体都不能被归类为这两种情况。它们既不是“完全没有弹性”的，也不是“完全有弹性”的。举个例子，皮球是什么性质的物体呢？这个问题可能会让古代的寓言家嘲笑我们。不过没关系，我们就想知道，它到底是什么样的？从力学角度看，它到底是“完全没有弹性”的，还是 “完全有弹性”的？

这里有一个简单的方法，可以测试球的弹性：我们把它举到一定的高度，然后让它自然下落到坚实的地面上。如果这个球是“完全有弹性”的，它反弹后的高度应该等于原来的高度。根据两个弹性物体碰撞后的速度公式，我们可以对这一点进行解释。

$$u_1 = 2u - v_1 = 2 \cdot \frac{m_1 v_1 + m_2 v_2}{m_1 + m_2} - v_1$$

我们可以将这一公式应用到球与静止地面相撞的情况。假设地面质量 m_2 视为无限大，其速度 v_2 为 0。将这些数值代入公式之前，我们对公式进行一下变换：将分子和分母均除以 m_2。

$$u_1 = 2 \cdot \frac{\frac{m_1}{m_2} v_1 + v_2}{\frac{m_1}{m_2} + 1} - v_1$$

$$u_1 = 2 \cdot \frac{\frac{m_1}{\infty} v_1 + 0}{\frac{m_1}{\infty} + 1} - v_1$$

由于 $\frac{m_1}{\infty}=0$ ，所以分数部分也为 0。这个公式最终变成：

$$u_1=-v_1$$

也就是说，球在撞击地面后，应该以相同的速度回弹。

假设球从高度 H 下落，获得的速度为 v，它们之间的关系为：

$$v=\sqrt{2gH}$$

即：

$$H=\frac{v^2}{2g}$$

以速度 v 垂直向上抛出的物体，所能达到的高度 h 为：

$$h=\frac{v^2}{2g}$$

可以看出，$h = H$，球反弹后的高度等于原来的高度。

如果这个球完全没有弹性，那么它根本就不会反弹。这一点从物理学角度可以理解得很清楚，若把它代入公式也很容易证明。

那么，一个不是完全有弹性的球又会是怎样的情况？要想回答这个问题，我们需要深入研究一下弹性物体的碰撞原理。当皮球接触地面时，它与地面接触的地方将会被压扁，压力会使皮球的速度降低。至此，皮球与地面碰撞的情形和非弹性物体是一样的。这意味着，皮球此时的速度是 u，而失去的速度是 $v_1 - u$。但是，刚才压扁的地方又会马上凸起来，而地面会阻碍它的凸起，所以它必然作用于地面一个力，同时也有一个力作用在皮球上，使皮球速度降低。如果皮球得以完全恢复形状，它的形状变化与前面被压扁的情形正好相反。那么，皮球将再一次失去前面失去的速度，也就是 $v_1 - u$。所以，如果皮球是完全弹性的，它总共减少的速度为 $2(v_1 - u)$。它最终的速度变为：

$$v_1-2(v_1-u)=2u-v_1$$

而如果皮球不是完全有弹性的，它在外力的作用下发生变化后，就不能完全恢复其原来的形状。在这种情况下，使皮球恢复其原来形状的力要小于使球改变其形状的力。与此对应，皮球在恢复其形状时失去的速度也要小于在改变其形状时失去的速度，它不等于 v_1-u，而是这个值的一部分，如果我们用 e 表示恢复系数。那么，球在第一阶段失去的速度仍为 v_1-u，而在第二阶段失去的速度等于 $e(v_1-u)$。皮球一共失去的速度就是 $(1+e)(v_1-u)$，于是，皮球碰撞后的速度 u_1 为：

$$u_1=v_1-(1+e)(v_1-u)=(1+e)u-ev_1$$

根据作用力与反作用力定律，被皮球撞击的物体速度 u_2 也必须与皮球的速度相等，可得：

$$u_2=(1+e)u-ev_2$$

两个物体的速度差为：

$$u_2-u_1=ev_1-ev_2=e(v_1-v_2)$$

所以，对于皮球来说，恢复系数 e 为：

$$e=\frac{u_1-u_2}{v_1-v_2}$$

此外，这里讨论的是皮球撞向地面的情况，因此 $u_2=(1+e)u-ev_2=0$，$v_2=0$，可得：

$$e=\frac{u_1}{v_1}$$

其中，u_1 是皮球跳起时的速度，等于 $\sqrt{2gh}$，h 是皮球跳起的高度；v_1 等于 $\sqrt{2gH}$，H 是皮球落下的高度。可得：

$$e=\sqrt{\frac{2gh}{2gH}}=\sqrt{\frac{h}{H}}$$

这样一来，我们就推导出了恢复系数 e 的计算公式。从某种意义上说，它也表示了球体“不完全弹性”的程度。我们需要测量皮球落下的高度，以及它反弹到的高度。这两个值的比率的平方根就是我们想要的系数值。

根据物体的运动规则，一个好的网球从 250 厘米的高度落下时，必须能够弹到 127 至 152 厘米的高度（如图 49）。因此，网球的恢复系数应该在 0.71 到 0.78 之间。

我们取平均值 0.75 作为 e 的值，也就是说，球的弹性为 75%。这里进行几组

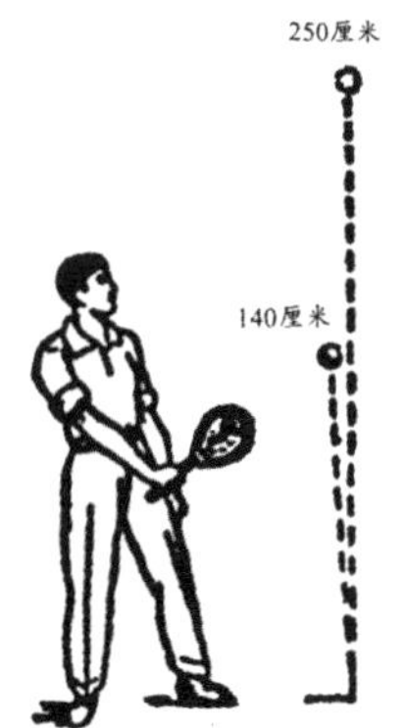

图 49 质量优的网球在从 250 厘米的高度落下时，能跳起到约 140 厘米的高度

有趣的计算。

第一个问题：如果让皮球从高度 H 落下，皮球第二次、第三次和随后几次的反弹高度有多大?

我们知道，皮球第一次弹起时，到达的高度可以用下式来计算：

$$e=\sqrt{\frac{h}{H}}$$

把 $e = 0.75$，$H = 250$ 厘米代入上式，可得：

$$0.75=\sqrt{\frac{h}{250}}$$

$$h\approx 140\text{（厘米）}$$

当皮球第二次从地上弹起，相当于再从 140 厘米的高度落下，然后再弹起来。假设此时皮球的高度是 h_1，可得：

$$0.75=\sqrt{\frac{h_1}{140}}$$

$$h_1\approx 79\text{（厘米）}$$

同理，皮球第三次弹起来的高度 h_2 为：

$$0.75=\sqrt{\frac{h_2}{79}}$$

$$h_2\approx 44\text{（厘米）}$$

随后几次的反弹高度都可以用这个方法计算。

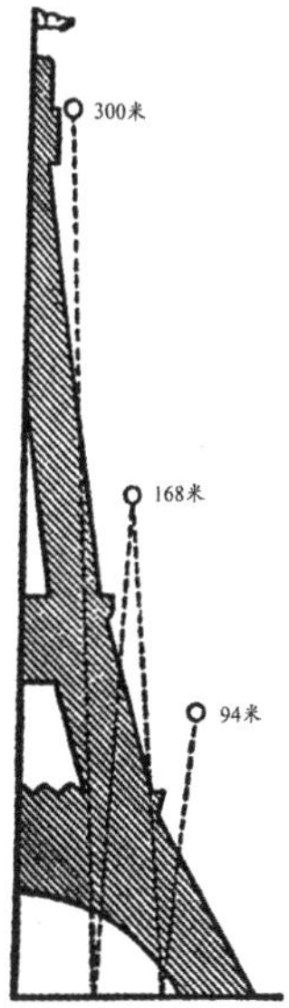

如图 50 所示，在不考虑空气阻力的情况下，当皮球从埃菲尔铁塔顶端（高度 H = 300 米）落下，它第一次弹跳的高度是 168 米，第二次会跳到 94 米……以此类推。如果考虑到空气阻力，由于高度比较高，皮球落下的速度也很大，所以空气阻力的影响也是比较大的。

图 50 从埃菲尔铁塔塔顶落下的球能跳到多高？

第二个问题：如果球从高度 H 落下，那么它弹起来的总时间是多少？

已知的公式有：

$$H=\frac{gT^2}{2}$$

$$h=\frac{gt^2}{2}$$

$$h_1=\frac{gt_1^2}{2}$$

可得：

$$T=\sqrt{\frac{2H}{g}}$$

$$t=\sqrt{\frac{2h}{g}}$$

$$t_1=\sqrt{\frac{2h_1}{g}}$$

所以，皮球每次弹起来的时间之和等于：

$$T+2t+t_{1\,2}+\cdots\cdots=\sqrt{\frac{2H}{g}}+2\sqrt{\frac{2h}{g}}+2\sqrt{\frac{2h_1}{g}}+\cdots\cdots=\sqrt{\frac{2H}{g}}\left(\frac{2}{1-e}-1\right)$$

将 H = 2.5 米，g = 9.8 米 / 平方秒和 e = 0.75 代入上式，我们可以求出总的弹跳时间为 5 秒。也就是说，球会持续弹跳 5 秒钟。

在不考虑空气阻力的情况下，如果皮球从埃菲尔铁塔的顶端落下，皮球会一直弹跳约 1 分钟。确切地说，只要皮球没有跌破，会一直弹跳 54 秒钟。

如果皮球只是从几米高的高度落下，那么它的速度并不大，因此空气阻力的影响可以忽略不计。人们曾经进行了专门的实验：让一个恢复系数为 0.76 的皮球从 250 厘米的高度落下，不考虑空气阻力的话，它弹起来的高度应该到 84 厘米。而实际上，它跳到了 83 厘米。可见，此时空气阻力几乎没有影响。

两个槌球的碰撞

一个槌球与另一个静止的槌球相撞，这时，就会形成力学上称为“正碰”和 “对心碰”的现象。这种碰撞的方向、施力点与球的直径方向相合。

那么，这两个球在碰撞后会发生什么呢?

如果两个槌球的质量相等，并且完全没有弹性，它们撞击后的速度将是相等的，都等于撞过去的那个球的速度的一半。这一点可以由公式得出：

$$u=\frac{m_1v_1+m_2v_2}{m_1+m_2}$$

其中，$m_1=m_2$，$v_2=0$。

相反，如果球是完全有弹性的，计算结果将显示：它们的速度会进行互换。撞过去的球将在撞击时停止，而先前静止的球将以撞过去的球的速度向撞击方向运动。读者朋友们演算一下就可以很容易得出结论。在打弹子球时，就经常出现这样的情况。通常来说，弹子球大多是由象牙制成的。这种象牙做的球有一个较高的恢复系数，大概是 $\frac{8}{9}$。

但槌球的恢复系数要低得多，约为 0.5。因此，最后碰撞的结果就不是先前说的那样了。两个槌球在撞击后会一起运动，但速度不一样：撞过去的球会落后于被撞的球。具体的情形，让我们详细参考一下物体碰撞的公式。

假设槌球的恢复系数为 e。在上文中，我们已经得出了两个球碰撞后的速度，表达式如下：

$$u_1 = (1+e)u - ev_1$$
$$u_2 = (1+e)u - ev_2$$

已知：

$$u = \frac{m_1v_1 + m_2v_2}{m_1 + m_2}$$

并且 $m_1 = m_2$，$v_2 = 0$。代入上式，可得：

$$u = \frac{v_1}{2}$$

$$u_1 = \frac{v_1}{2}(1-e)$$

$$u_2 = \frac{v_1}{2}(1+e)$$

通过变换公式，可得：

$$u_1 + u_2 = v_1$$
$$u_2 - u_1 = ev_1$$

现在，我们可以准确地预测出槌球相撞后的情形了：撞过去的球的速度在两个球之间进行了重新分配。被撞的球的速度比撞过去的球的速度快，是撞过去的球的初始速度的 e 倍。

举个例子，如果 e = 0.5，在这种情况下，在撞击前处于静止状态的球获得的速度将是撞过去的球的初始速度的 $\frac{3}{4}$，而撞过去的球的速度将变为其初始速度的 $\frac{1}{4}$。

从速度中获得力量

列夫·托尔斯泰《读本第一册》一书中有这样一个故事：

一辆火车正在铁路上飞速前进。在一个铁路和马路交叉的地方，有一辆载着重物的马车停在那里。一个人赶着马车想要通过铁路。但是由于马车的一个轮子掉了，马根本拖不动车子。火车上的乘务员看此情形，赶忙对火车司机喊道："快刹车！"但司机没有听从他的话。他意识到，此时这个人无法移动马和车子，又不可能转弯，而火车也不能立即停下。于是，他没有刹车，而是以最快的速度冲了过去。那人吓得赶紧从车上跑开了。火车就这样开了过去，马车像木片一样被抛到了一旁，而火车车身感受不到任何震动。火车司机对乘务员说："现在我们只损失了一匹马和一辆马车；如果我听了你的话，整辆火车的人都会受到伤害，甚至所有乘客都会遇难。这是因为如果火车行驶速度非常快，就会把马车撞开，并保证火车不受颠簸；而如果火车开得太慢，就会面临脱轨的风险。"

有没有可能从力学角度来解释这件事呢？显然，这里的火车和马车是两个不是"完全有弹性"的物体，且被撞的马车在撞击前是静止的。假设火车的质量和速度分别为 m_1 和 v_1，马车的质量和速度分别为 m_2 和 v_2，其中 $v_2 = 0$，那么，根据前面的公式，可得：

$$u_1 = (1+e)u - ev_1$$
$$u_2 = (1+e)u - ev_2$$

$$u = \frac{m_1v_1 + m_2v_2}{m_1 + m_2}$$

将最后一个表达式中分数的分子和分母都除以 m_1，我们得到：

$$u=\frac{v_1+\frac{m_2}{m_1}v_2}{1+\frac{m_2}{m_1}}$$

由于马车的质量与火车的质量相比可以忽略不计，所以 $\frac{m_2}{m_1}$ 非常小，可以等同于零。于是可得：

$$u\approx v_1$$

代入上面的第一个式子，可得火车撞击后的速度：

$$u_1=(1+e)u-ev_1=v_1$$

也就是说，火车和马车在相撞后，火车仍以原来的速度继续向前行驶，乘客也根本不会感受到任何的颠簸。

那么马车会发生什么？它在撞击后的速度是：

$$u_2=(1+e)u-ev_2=(1+e)v_1$$

可见，撞击前火车的速度 v_1 越大，马车相撞后获得的速度 u_2 越大，即撞击的力量越大，从而足以摧毁马车。这一点有非常重要的意义。为了避免事故，必须克服马车的摩擦力。如果碰撞的力量不够大，马车可能会因此停留在轨道上，从而引发重大的火车事故。

从刚才的分析可以看出，火车司机全速前进的处置是正确的。正是因为他将火车以最快的速度开了过去，才使得马车和马被撞离铁轨，火车没有经受震荡，乘客也没有感受到任何颠簸。需要指出的是，在托尔斯泰那个时代，火车的速度并不是很快。

“胸口碎大石”的奥秘

有这样一种杂技表演，常常给观众留下深刻的印象。表演者平躺在地上，在他胸口上放一个沉重的铁砧，旁边有两个壮士抡起手中沉重的铁锤，使劲砸向表演者胸口的铁砧。那么，一个活生生的人如何能承受这样的撞击而不受到伤害呢？

然而，弹性物体碰撞的规律告诉我们：与铁锤的质量相比，铁砧的质量越重，它在撞击后获得的速度就越小，冲击就越不明显。让我们回顾一下弹性物体碰撞的相关的速度公式：

$$u_2 = 2u - v_2 = 2 \cdot \frac{m_1 v_1 + m_2 v_2}{m_1 + m_2} - v_2$$

其中，m_1 是铁锤的质量，m_2 是铁砧的质量，v_1、v_2 是它们在撞击前的速度。我们知道，在它们碰撞前，铁砧是静止不动的，因此 $v_2 = 0$。那么，上式可以变化为：

$$u_2 = \frac{2m_1 v_1}{m_1 + m_2} = \frac{2v_1 \cdot \frac{m_1}{m_2}}{\frac{m_1}{m_2} + 1}$$

我们将分子和分母除以 m_2，如果铁砧的质量 m_2 与铁锤的质量 m_1 相比非常大，那么分数 $\frac{m_1}{m_2}$ 就会非常小，在分母中可以忽略不计。因此，铁砧在撞击后的速度为：

$$u_2 = 2v_1 \cdot \frac{m_1}{m_2}$$

从这个式子可以看出，碰撞后铁砧的速度只是铁锤速度的很小一部分。

假如铁砧的质量是铁锤的100倍，那么它的速度就是铁锤速度的$\frac{1}{50}$：

$$u_2 = 2v_1 \cdot \frac{1}{100} = \frac{1}{50} v_1$$

通过刚才的分析，我们知道，对于躺在铁砧下面的表演者来说，铁砧的重量越大越好，铁锤的重量越小越好。这样的话，敲击的力量才不会传到身上。现在唯一的困难是，要让胸口承受这么大的重力而不受任何损伤。如果让铁砧的形状能够大面积贴到身体上，而不是仅仅接触几个小的区域，那么表演者就有可能不受到伤害。因为铁砧的重量可以分布在更大的表面积上，每平方厘米的负荷就小多了。有时候，在铁砧底面和人体之间放置一层柔软的衬垫，也是为了更好地分散力量。

通常在表演的时候，铁砧的重量确实很大，这一点没有必要欺骗观众。但铁锤的重量却是很小的，但在观众看来，却像是很重的样子。这一点就比较容易实现。比如，把锤子做成空心的，或者根本就不是铁制的。在砸下去的时候，装作很重的样子。这样，铁砧的震动则会随着铁锤重量的减少而成比例地减弱。

这里，我们把锤子和铁砧都看作是完全的弹性物体。不过，我们可以通过类似的计算得出，就算两个物体不是完全弹性的，结果也不会有太大变化。

$v_t^2 - v_0^2 = 2gh$

$W = Fs\cos\alpha$

$h = \frac{gt^2}{2}$

$\frac{Gm_1m_2}{r^2} = F$

$W = Fs\cos\alpha$

$v_t^2 - v_0^2 = 2gh$

$h = \frac{gt^2}{2}$

$W = Fs\cos\alpha$

$\frac{Gm_1m_2}{r^2} = F$

第七章

关于强度的一些问题

$v_t^2 - v_0^2 = 2gh$
$W = Fs\cos\alpha$
H
$h = \frac{gt^2}{2}$
$W = Fs\cos\alpha$
$\frac{Gm_1m_2}{r^2} = F$

能否用铜丝测量海洋的深度？

海洋的平均深度约为 4 千米，但是在一些特殊的海域，深度可能达到这个数值的 2 倍，甚至比 2 倍更多。我们之前提到过，海洋最深的地方大概有 11 千米。如果要测量这么深的地方，需要垂下一条长度超过 10 千米的金属丝。但是 10 千米长的金属丝重力非常大，它会不会因为自身的重力过大而断掉呢?

这个问题并不是空穴来风，通过计算可以证实该问题的必要性。我们用铜线来做这个实验。假设这根铜线的长度是 11 千米，直径用 D 表示（单位为厘米），那么它的体积就是 $\frac{1}{4}\pi D^2\times 1100000$ 立方厘米。因为每立方厘米铜在水里的质量是 8 克，所以这根铜线在水里的质量为：

$$\frac{1}{4}\pi D^2\times 1100000\times 8\approx 6900000D^2\text{（克）}$$

我们假设这根铜线的直径 D 为 3 毫米，那么它在水里的质量将是 620000 克，也就是 620 千克。这么细的铜线是否可以承受超过 0.6 千克重的负载呢？我们先把这个问题放在一边，来看一看需要多大的力，才能使一根金属丝或者金属杆断掉。

力学中有一门叫作“材料力学”的学科。这门学科告诉我们，使一根金属丝或者金属杆断裂的力的大小与三个因素有关：金属丝或者金属杆的材料、截面积以及施力时的方法。其中，力的大小与截面积的关系最简单：截面积增大多少倍，可以使金属丝或者金属杆断裂的力就会增大多少倍。其次，它跟材料的关系可以通过实验发现：如果金属杆的截面积为 1 平方毫米时，拉断不同材料金属杆所需要的力分别是多少。在一些工程手册中，我们可以找到这个力的数值，这个表格被称为“抗断强度表”。在图 51 中，直观地标出了不同种材料

的抗断数据。我们通过图 51 可以知道：如果想拉断一根截面积为 1 平方毫米的铅丝，需要 4 千克的力；如果拉断一根同样粗细的铜丝，需要 40 千克的力；如果拉断一根同样粗细的青铜丝，需要 100 千克的力……

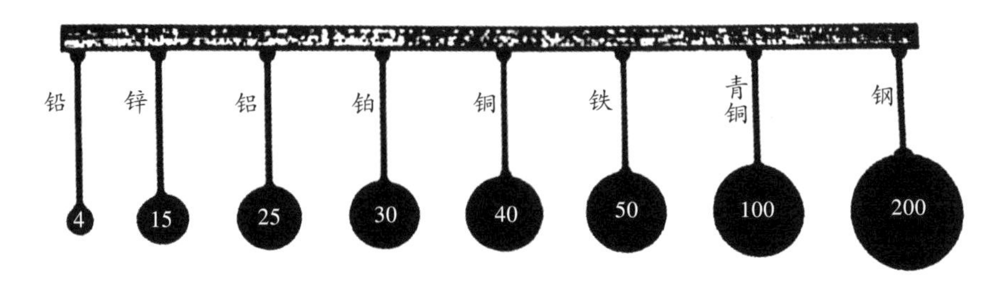

图 51 各种材质金属丝的抗断强度表（截面积为 1 平方毫米，质量单位为千克）

但是在工程中，是永远不允许让杆受到如此大的力的作用的。因为类似的结构很不稳定。如果按照这个数据设计，在材料有非常细微的、肉眼看不出来的缺陷时，或者说稍微有一点过载时，那么在出现一点儿震动或者温度发生细微变化的情况下，这个杆就可能会断裂，整个结构就会损坏。所以，我们在实际应用中，必须给材料的强度留有“余地”，也就是说，根据材料和工作条件，使这个拉力只有断裂负载的几分之一，比如，$\frac{1}{4}$、$\frac{1}{6}$，或者 $\frac{1}{8}$。

现在让我们回到之前的计算当中：如果想拉断一根直径为 D 厘米的铜线，到底需要多大的力呢？我们通过公式可以得出，直径为 D 厘米时，铜线的截面积是 $\frac{1}{4}\pi D^2$ 平方厘米（$25\pi D^2$ 平方毫米）。

通过参考图 51，我们可以知道：如果一根铜线的截面积为 1 平方毫米，拉断它需要的力是 40 千克。因此，要想拉断上面这根铜线，所需要的力就是：

$$40\times25\pi D^2=1000\pi D^2\approx3140D^2\text{（千克）}$$

我们之前已经计算过，铜线的自身质量是 $6900D^2$ 千克，这个数值比 $3140D^2$ 千克大了 1 倍多。我们可以看到，即便是在不给强度留有“余地”的情况下，我们也不能用铜线来测量海洋的深度。因为在铜线长度达到 5 千米时，它就会被自身的质量压断。

最长的金属悬垂线

一般情况下，对于每根金属丝而言，它都有自己的极限长度，如果超过了这个极限长度，金属丝就会被自身的重力拉断。任何一根金属悬垂线的长度不可能是无限的，总会存在一个不能超过的极限值。在这种情况下，单单把金属丝加粗，是没有任何意义的。比如，在把金属丝的直径加大一倍时，根据上一节的知识我们知道，金属丝的抗拉力将增大到原来的 4 倍。但与此同时，金属丝的重力也会增加到原来的 4 倍。所以我们可以得出，极限长度与金属丝的粗细没有关系，而跟它的材料有关：如果金属丝是铁质的，它的极限长度是一个数值；如果金属丝是铜质的，它的极限长度是另外一个数值；如果金属丝是铅质的，它的极限长度又会是其他数值。通过前文内容的计算，我们可以很容易地求出这个极限长度的数值。举个例子，如果一根金属丝的截面积为 s 平方厘米，它的长度是 L 千米，每立方厘米金属丝的质量为 p 克，那么整根金属丝的重量就是 $100000sLp$ 克。这种情况下，这根金属丝可以承受的质量是：

$$1000Q \times 10s = 100000sQ\text{（克）}$$

其中，Q 表示每平方毫米截面积的断裂负载（单位为千克）。也就是说，在达到极限长度的情况下：

$$100000sQ = 100000sLp$$

由此可得，金属丝的极限长度为：

$$L = \frac{Q}{p}$$

通过这个简单的公式，我们可以很容易地得出不同材质金属丝的极限长度。之前，我们已经求出了铜线在水中的极限长度。但是如果不在水中，铜丝的极限长度就会小很多，长度为 $\frac{Q}{p} = \frac{40}{9} \approx 4.4$ 千米。

下面是几种其他材质的金属丝的极限长度：

铅丝：0.2 千米

锌丝：2.1 千米

铁丝：7.5 千米

钢丝：25 千米

但是，我们在实际应用中是不可能使用这么长的悬垂线的。因为这些数值都是悬垂线的极限长度。因此，必须使它们只承受断裂负载的一部分。比如，对于铁质悬垂线和钢质悬垂线而言，通常按照它们承受的断裂负载的 $\frac{1}{4}$ 制作。也就是说，我们在使用铁质悬垂线时，它的长度不会超过 2 千米；在使用钢质悬垂线时，它的长度不会超过 6.25 千米。

如果是在水中使用悬垂线，那么这些金属悬垂线的极限长度的数值将会增大。比如，铁质悬垂线和钢质悬垂线的极限长度都要比上面的数值大 $\frac{1}{8}$ 。但即使在这种情况下，还是无法到达海洋的最深处。因此，我们在做类似测量的时候，通常会使用一种强度极大的特殊材料制成的金属丝①。

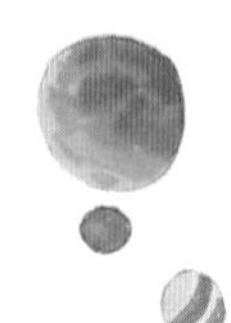

① 需要指出的是：现在人们测量海洋深度时，已经不再使用金属丝了，而是利用海底的回声来进行测量，即回声测深法。

强度最大的金属丝

在抗拉强度非常高的材料中，有一种材料是镍铬钢。拉断截面积为 1 平方毫米的镍铬钢丝，所需要的拉力是 250 千克。

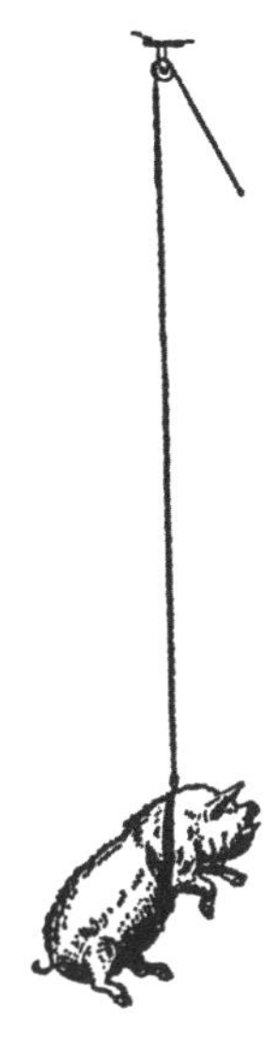

图 52 截面积为 1 平方毫米的镍铬钢丝能够承受 250 千克的质量

看了图 52，我们就可以更加清晰地认识到这一数值代表着什么。在图 52 中，如此细的一根镍铬钢丝，竟然可以把一头肥胖的猪挂起来。我们在测量海洋的深度时，用的就是这种材质制作而成的金属悬垂线。

因为镍铬钢在水中每立方厘米的质量是 7 克，而当它的截面积为 1 平方毫米时，负载所能承受的质量是 $\frac{250}{4} \approx 62$（千克），所以由镍铬钢制作的金属丝在水中的极限长度为：

$$L=\frac{62}{7}\approx 8.8\text{（千米）}$$

但是，海洋最深的地方深度要大于 8.8 千米，因此使用镍铬钢丝时，留下的“余

地”很小。所以，在使用镍铬钢丝测量海洋最深处时，需要小心谨慎地操作，防止镍铬钢丝断裂。

除了探测海洋的深度之外，在这种情况下也会出现同样的困难：借助带有记录装置的风筝“探测”天空的高度。比如，如果风筝飞到9千米或更高的地方时，风筝线不仅要承受自身重量的拉力，还要承受风筝上的风压（风筝尺寸一般为2米 ×2米）。

头发丝比金属丝更坚韧？

我们第一眼看起来，会觉得头发丝的强韧程度和蜘蛛网相差无几。但事实并非如此，有时候，头发丝比很多金属丝都要强韧。一根直径只有0.05毫米的头发丝，承受的质量可以达到100克。既然这样，那么让我们来计算一下：一根截面积为1平方毫米的头发丝，可以承受的质量是多少。大家都知道，如果一个圆的直径为0.05毫米，那么这个圆的面积为：

$$\frac{1}{4}\times 3.14\times 0.05^2\approx 0.002\text{（平方毫米）}$$

也就是说，直径为0.05毫米的头发丝，它的截面积只有 $\frac{1}{500}$ 平方毫米，但是它承受的质量可以达到100克。以此类推，如果头发丝的截面积为1平方毫米，那么相应地，它承受的质量就可以达到50000克，也就是50千克。结合图51中给出的不同材质金属丝的抗断强度表，我们不难发现，就抗拉强度而言，头发丝的强度介于铜和铁之间。

通过上面的分析，我们可以认识到：头发丝的强度仅仅比铁丝、青铜丝和钢丝差一些，但是比铅丝、锌丝、铝丝、铂丝、铜丝都要强韧一些。

这么看起来，怪不得小说《萨兰博》的作者在书中这样写道：

> 古代迦太基人以为，最适合拿来做投掷机的牵引绳的材料，是女子的发辫。

因此，当我们看到图 53 时，也没有必要惊讶：在图 53 中，一辆 20 吨重的卡车被女子的发辫所提起。我们通过计算可以得出，200000 根头发丝组成的发辫，完全可以承受住 20 吨的质量。

图 53 女子的发辫能够承受住多大的质量？

为什么自行车架要用空心管制作？

如果一根空心管子的环形截面面积与一根实心杆的横截面面积相等，那么空心管和实心杆的强度哪个更大一些？如果我们所说的强度指的是抗断强度和抗压强度，那么实际上，两根管子是没有什么区别的：拉断或压碎空心管和实心杆所需要的力的大小是一致的。但是，如果我们所说的强度是指抗弯强度，那么它们之间的差别就大多了。在实心杆的横截面面积和空心管的环形截面面积相同的情况下，弯曲一根实心杆比弯曲一根空心管要容易多了。

在很早以前，伽利略就对这个问题进行了研究。下面，我们不妨来看一下伽利略当时究竟是怎么说的。伽利略在自己的著作《关于两个新学科的谈话和数学论证》中，曾经写过这样一段话：

> 关于空心物体的抗力，我想发表一些看法。无论是在人类的技艺（技术）中，还是在自然界中，空心物体都被广泛应用。空心物体可以在质量不增加的情况下，大幅提高自身的强度。通过研究鸟骨和芦苇，我们也可以发现这一现象：鸟骨和芦苇的质量都非常小，但是却有非常大的抗弯能力和抗断能力。我们大家都知道，麦秆上面麦穗的质量比整根麦茎的质量都要大，这种情况下，如果重量相同的麦秆不是空心结构，而是实心结构，那么它的抗弯能力和抗断能力就会降低很多。实际上，人们很早就发现了这一现象，并且通过实验进行了证实。空心的木棒或者金属制成的管子要比同样长度、同样质量的实心木棒或者金属杆坚固得多。在这种情况下，因为质量相同，所以实心杆要比空心管细一些。起初，人类把这一观察到的现象用于制作各种物体的复制品，将这些复制品内部做成空心的，以此来增加坚固性，而且又非常轻巧。

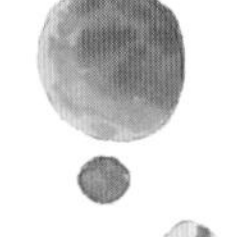

如果我们进一步研究，梁弯曲的时候会产生什么样的应力，我们就会发现

空心物体比实心的要坚固得多的原因。如图 54 所示，杆 AB 的两端被支撑起来，中间挂上一个质量为 Q 的物体。由于受到了重物的作用，杆 AB 必然会向下弯曲。这时，杆 AB 会出现什么变化呢？我们可以看到，杆 AB 的上半部分被压缩，而下半部分则被拉伸，中间有一部分（中立层）既没有被压缩，也没有被拉伸。杆 AB 被拉伸的那上半部分产生了一个抗拉伸的弹力，被压缩的下半部分则产生了一个抗压缩的弹力，抗拉伸的弹力和抗压缩的弹力都试图让杆恢复原状。杆 AB 弯曲的程度越大，抗弯力也就越大（只要不超出所谓的弹性极限），直到杆产生的抗拉伸的弹力和抗压缩的弹力的合力大小等于 Q，杆就会停止弯曲。

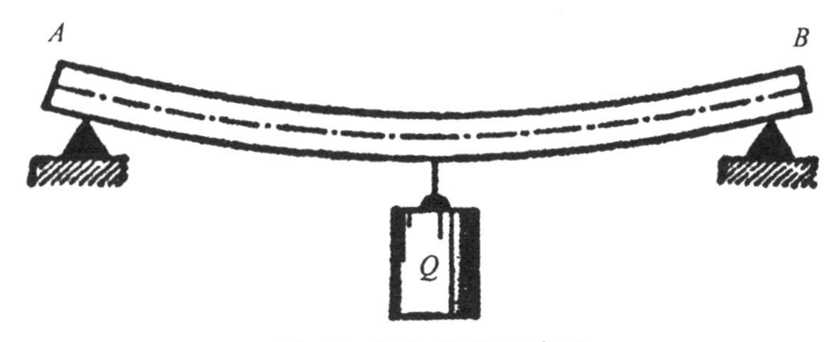

图 54 弯曲梁的示意图

通过上面的分析，我们可以看到，在对杆进行弯曲时，产生抗力的是杆的上半部分和下半部分，而且距离中立层越近的地方，这个力就越小。

因此，我们在制作梁的时候，最好让大部分材料都尽量远离中立层。比如，图 55 中显示的工字形梁和槽形梁就是这样制作出来的。

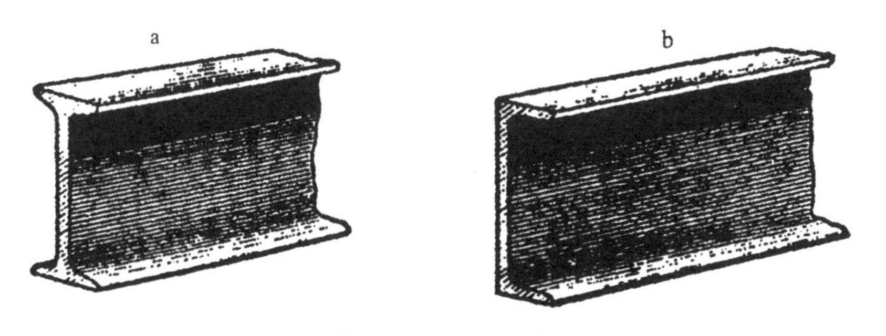

图 55 工字形梁（a）和槽形梁（b）

但是，梁壁也不能够制作得过于单薄——它必须保证两个梁面之间的相对位置不会变动，而且要保证梁的稳定性。

从节省材料的角度来看，比工字形梁更完善的就是桁形架。如图 56 所示，在桁形架中，接近中立层的地方没有任何材料，所以它更加轻便。从图中可以看出，杆 a，b，……k 通过弦杆 AB 和弦杆 CD 连接了起来，从而节省了很多材料。通过上文的分析，我们知道，在负载 F_1 和 F_2 的作用下，上弦杆 CD 将会被压缩，下弦杆 AB 将会被拉伸。

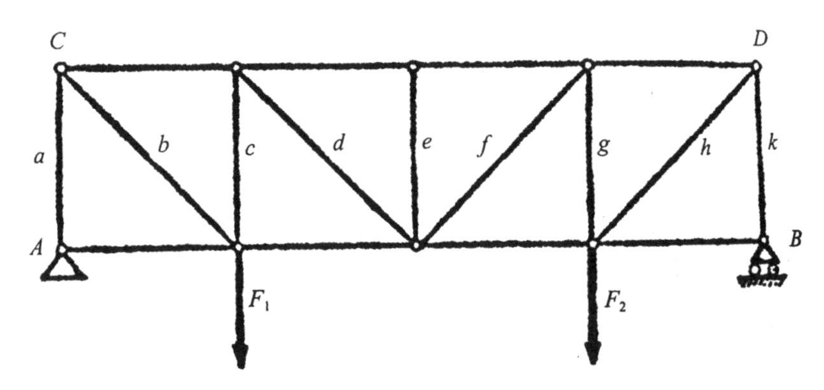

图 56　桁形架改变了梁的强度

学到这里，相信大家已经明白了，相对于实心杆而言，空心管更有优势。最后，我想再给你们举两个数字加深印象。如果有两根圆形梁，其中一根是实心的，另一根是空心的，它们的长度相等，而且空心管的环形截面面积与实心梁的横截面面积相同。这种情况下，这两根梁的质量当然是相等的。但是在抗弯能力上，它们的差别是很大的。我们通过计算可以得出：空心管①的抗弯能力比实心梁增加了 112%，换句话说，空心管的抗弯能力是实心梁的 2 倍还多。

① 空心管空心部分的直径与实心管实心部分的直径相同。

“七根树枝”的寓言

朋友们，给你一把扫帚。如果把扫帚拆分开，你可以很容易地折断它的每一根枝；但是在它系好的情况下，你是否还能折断它？

——绥拉菲莫维奇《夜晚中》

我们可能都听过《七根树枝》的古老寓言。在寓言中，父亲为了让儿子们能够和睦地生活下去，把 7 根树枝系在一起，让他们把这束树枝折断。儿子们一个个进行了尝试，结果都没有成功。这时候，父亲把这束树枝从儿子手中拿了过来，然后把它拆成一根根树枝去折，结果很容易就折断了。

从力学角度来读这个寓言，会发现它很有意思，因为其中包含了力学中的强度问题。

如图 57 所示，在力学中，杆的弯曲程度通常用挠度 x 来表示。杆的挠度越大，它就越容易被折断。

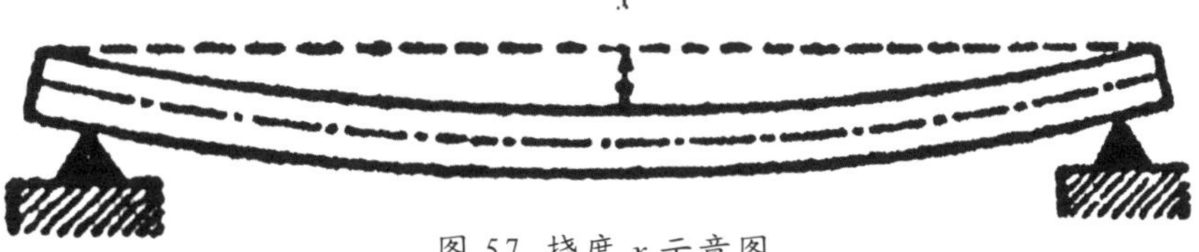

图 57 挠度 x 示意图

挠度的大小通常用下面的公式来表示：

$$x=\frac{1}{12}\times\frac{Pl^3}{\pi Er^4}$$

在这个公式中，P 表示作用于杆上的力，l 表示杆的长度，π 表示圆周率 3.14，E 表示杆的材料的弹性，r 表示杆的半径。

让我们结合这个公式来分析前面的寓言故事。这 7 根树枝的位置很有可能是按照图 58 中的样子放置的，图中画出的是这束树枝的截面。我们就可以把这

束树枝看作一根实心杆（需要把树枝扎得非常紧），中间会带有一些空隙，但这并不影响我们的分析，因为我们并不追求精确的答案。从图中可以清楚地看出，这根实心杆的直径大约等于一根树枝的3倍。我们知道：弯曲（或者折断）一根树枝，比弯曲（或者折断）这根实心杆要容易得多。如果我们想在两种情况下获得相同的挠度，那么假设需要作用在一根树枝上的力为 p，而作用在7根树枝扎成的实心杆上的力为 P，则 p 与 P 之间的关系就可以通过下面的式子来计算：

可得：

$$\frac{1}{12}\times\frac{pl^3}{\pi Er^4}=\frac{1}{12}\times\frac{Pl^3}{\pi E(3r)^4}$$

通过计算我们可以发现，尽管在寓言故事中，父亲需要7次才能把7根树

$$p=\frac{P}{81}$$

枝完全折断，但是花费的力气，却仅仅是儿子们折断整束树枝的 $\frac{1}{81}$。

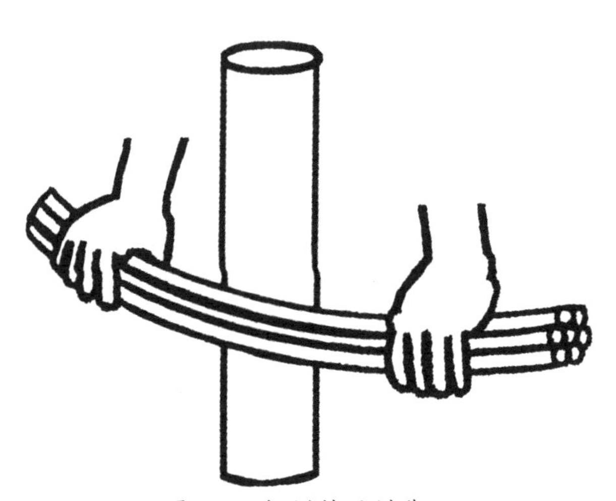

图 58 7根树枝的横截面

第八章

功、功率与能

关于功的单位，我们还有多少不知道的？

“你知道千克米[①]是什么单位吗？”

很多人可能会这样回答：“知道，就是把 1 千克的物体提高到 1 米处所做的功。”

有的人认为，关于功的单位，除了定义中给出的，再加上上面这一句就足够用了。也就是说，上面提到的 1 米的高度通常指的是距离地面的高度。但是，仅仅满足于此是不够的。我们来研究下面这个问题。这个问题是在 30 年前由著名物理学家 О. Д. 赫沃尔松在一本数学杂志上提出的。

假设一门大炮炮膛的长度是 1 米，向空中垂直射出了一枚重量为 1 千克的炮弹，乍一看，炮膛中火药气体只作用了 1 米的距离。在炮弹飞出炮膛之后，气体的压力几乎等于 0，也就是说火炮仅仅把重量为 1 千克的炮弹提高了 1 米，似乎只做了 1 千克米的功。难道大炮所做的功真的就只有这么一点儿吗？

如果真的是这样，那我们不用火药，用其他方法，比如用手抛，就可以把炮弹提升到这样的高度。很明显，这样的分析是错误的。

但是，究竟错在什么地方呢？

错就错在我们在讨论大炮所做的功时，只考虑了功的很小一部分，却把大部分的功忽略了。我们之前在分析中没有考虑到，炮弹在炮膛中走完全程时达到了一个速度，而这个速度是炮弹在炮膛里静止的时候所没有的。也就是说，火药气体所做的功，不仅包含了把炮弹提升了 1 米的高度上所做的功，还包含了使炮弹有了一个非常大的速度所做的功。如果知道了炮弹的速度，我们就可以很容易地计算出这部分功的大小。假设炮弹离开炮膛时的速度为600米/秒（也

① 千克米是旧制功的单位，1 千克米等于 9.8 焦耳。

就是 60000 厘米 / 秒）。此时炮弹的质量为 1 千克（也就是 1000 克），那么炮弹的动能就是：

$$\frac{mv^2}{2}=\frac{1000\times60000^2}{2}=18\times10^{11}（尔格）$$

其中，尔格为达因厘米，是功的一种非法定计量单位，表示 1 达因的力使物体移动 1 厘米所做的功。1 千克米约等于 10^8 达因厘米。所以如果以千克米为单位，炮弹所包含的动能为：

$$18\times10^{11}\div10^8=18000（千克米）$$

可见，由于千克米的定义不准确，导致如此多的功未统计在内。

通过上述分析计算，我们可以给予千克米准确的定义：

千克米是功的计量单位，表示在地球表面上提升 1 千克静止的物体到 1 米的高度时所做的功。并且，物体在提升到 1 米的高度时，速度仍为 0。

如何做出 1 千克米的功？

把质量为 1 千克的砝码提升到 1 米的高度，似乎并不是一件困难的事情。但是，提升的时候，到底需要用多大的力？如果力也是 1 千克，肯定是提不起砝码来的。也就是说，要用比 1 千克大一些的力——超过砝码的重量的力，才能使砝码运动。但是，如果力的作用恒定，它会给这个砝码一个加速度。当我们把砝码提升到 1 米的高度的时候，砝码的速度并不等于 0，而是获得了一定的速度。这也就意味着，力所做的功不是 1 千克米，而是比 1 千克米要大。

我们究竟应该如何做功，才能使得将质量为 1 千克的砝码提升到 1 米的高度时，所做的功正好是 1 千克米？或许，我们可以这样做：在一开始的时候，从砝码的下方给砝码一个比 1 千克稍微大一些的力，这样我们就给了砝码一个向上的加速度。在砝码到了一定的高度后，我们要减小或者完全停止刚才施加的力，以便使砝码的速度慢慢降下来。在这个过程中，需要尤其注意停止给砝码施加力的时机。力的变化要非常恰当，应该使得砝码达到 1 米的高度时，速度正好降到 0。

也就是说，在这个过程中，我们给砝码的力并不是一个一成不变的大于 1 千克的力，而是一个不断变化的力。在最开始的时候，力要比 1 千克大一些，之后又要比 1 千克小一些，这样一来，我们所做的功就正好是 1 千克米了。

如何计算功？

现在我们知道，把一个重为 1 千克的物体提升到 1 米的高度，要想使得所做的功正好是 1 千克米，操作起来是非常复杂的。所以在实际应用中，我们最好不要使用千克米的定义，因为这个定义虽然看似简单，却容易使人产生错误的认识。

我们可以了解一下千克米的另一个定义，这个定义更为方便，并且不会让我们产生误解：如果作用力的方向与路程的方向一致，那么 1 千克米就等于 1 千克的势能在 1 米的距离上所做的功①。

① 对于这个定义，很多读者可能并不认同，他们认为，如果这样的话，物体在移动了接近 1 米的距离时不是也有可能产生速度吗？这样的话，使 1 千克重的物体移动 1 米的力所做的功，似乎会大于 1 千克米。对于这一点，他们的观点是正确的，确实会产生一定的速度。但是，在这个定义中，正是所做的功使物体得到了这个速度，使物体有了一定的动能。此时动能的大小应该正好等于 1 千克米。如果不是这样，就违反能量守恒定律了，即获得的能量将小于消耗的能量。而将物体垂直提升，则是另外一种情况：将 1 千克重的物体提升 1 米时，物体不仅获得 1 千克米的势能，还获得了一部分动能，所以看起来物体最后获得的能量，大于所消耗的能量。

在这个定义中有一个条件——方向一致，这是非常重要的条件。如果忽略这一条件，我们在计算功的时候，就可能出现严重的错误。

为比较发动机的工作能力，我们一般只需要比较它们在同样的时间里所做的功就可以了。一般情况下，我们选取秒作为时间单位。在力学中，有一个表示发动机工作能力的物理量，就是功率。发动机功率的定义为：发动机在 1 秒的时间内所做的功。在工程计算中，功率的单位有两个，分别是瓦特和马力[①]。它们的关系是：1 马力 = 75 千克米 / 秒 ≈ 750 瓦。

我们通过完成下面这道题目，来举例说明一下功率是如何计算的。

一辆质量为 850 千克（或者说，它的势能是 850 千克）的汽车，在水平的道路上以 72 千米 / 小时的速度直线行驶。假设汽车在行进的时候所受到的阻力是它自身重量的 20%。请问，汽车的功率是多少？

首先，我们来计算一下使汽车前进的力是多大。因为汽车的运动是匀速运动，所以这个力正好等于汽车受到的阻力，也就是：

$$850\times0.2=170\text{（千克势能）}$$

然后，我们再来计算一下汽车在 1 秒内行驶过的距离。题目中已经给出了，汽车的速度是 72 千米 / 小时，速度单位换算为米 / 秒之后，大小等于：

$$\frac{72\times1000}{3600}=20\text{（米/秒）}$$

通过分析题目可以得出，使汽车运动的力的方向与汽车的运动方向是一致的，所以用这个力乘以 1 秒时间里汽车行驶过的距离，就等于这个力在 1 秒的时间里所做的功，也就是汽车的功率，等于：

$$170\times20=3400\text{（千克米/秒）}$$

如果将这个数值换算成马力，那就是：

$$3400\div75\approx45.33\text{（马力）}$$

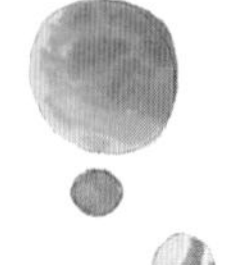

①此处指英制马力，由英国发明家瓦特确立。

火箭的飞行速度

让我们来想象一下，一枚大型火箭在空气稀薄的高空中，遇到的阻力几乎可以忽略不计。在火箭发动机停止工作时，火箭获得垂直向上的速度，并开始远离地球。

如果没有地心引力，火箭凭借惯性将以恒定的速度进入太空。但是，由于地心引力的作用，火箭的运动速度会逐渐减慢。对于星际飞行来说，非常重要的一点是：研究火箭的速度如何在远离地球的过程中逐渐变慢。

我们大家都知道，任何运动的物体都具有动能。我们把火箭发动机停止工作的地方标注为 A 点，火箭在此处获得的速度用 v_0 来表示，火箭的质量为 m，那么火箭在 A 点的动能为：

$$\frac{mv_0^2}{2}$$

为简单起见，我们假设 A 点是地球表面上的一点（如图 59 所示）。经过一小段时间之后，火箭离开地面飞行了一小段距离 h 之后，到达了 B 点。此时，火箭的动能将比它的初始动能小一些，因为一部分能量用于提升火箭的高度，即用于克服地球引力的做功（我们不考虑空气的阻力，因为实际上火箭的发动机在穿过极为密集的大气层后，就已经停止工作）。由于这个原因，火箭在 B 点的速度 v_1 将小于在 A 点的速度 v_0。于是，减少的动能为：

$$\frac{mv_0^2}{2}-\frac{mv_1^2}{2}$$

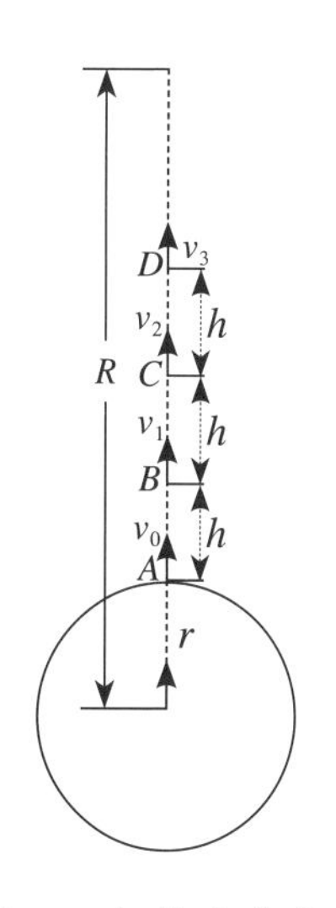

图 59 火箭垂直向上飞行，它的发动机在 A 点停止工作，飞行的距离 h 非常短

少年知道

根据万有引力定律，万有引力常量为 G，地球的质量用字母 M 表示，所以在 A 点和 B 点的地心引力大小分别为：

$$F_A = G\frac{Mm}{r^2}$$

$$F_B = G\frac{Mm}{(r+h)^2}$$

一个恒定的力 F 沿着路径 h 所做的功，可以用图 60 中的矩形阴影面积来表示。事实上，矩形阴影的面积等于边长 F 与 h 的乘积。换言之，根据定义，该乘积就是力 F 在路径 h 上所做的功。

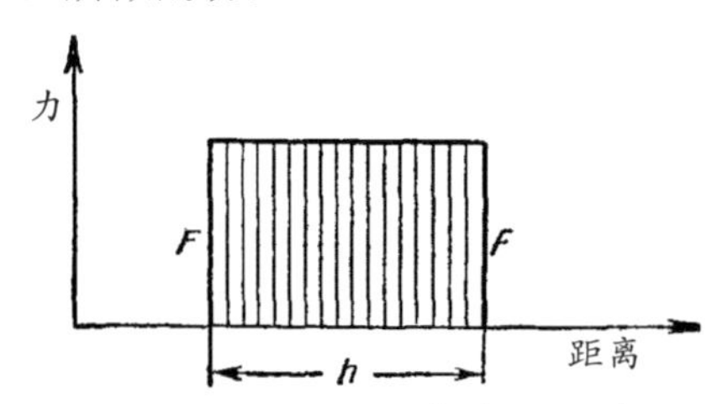

图 60 用矩形阴影的面积来表示恒力做的功

但在该问题中，F_A 与 F_B 的数值不同，也就是说，推力不是恒定的力。那么，克服地心引力所做的功，就等于图 61①中所显示的梯形阴影的面积：

$$\frac{F_A + F_B}{2}h = G\frac{Mm}{2}\left(\frac{1}{r^2} + \frac{1}{(r+h)^2}\right)h$$

将中括号中的算式用另一种方式表述为：

$$\frac{1}{r^2} + \frac{1}{(r+h)^2} = \frac{r^2 + 2rh + h^2 + r^2}{r^2(r+h)^2}$$

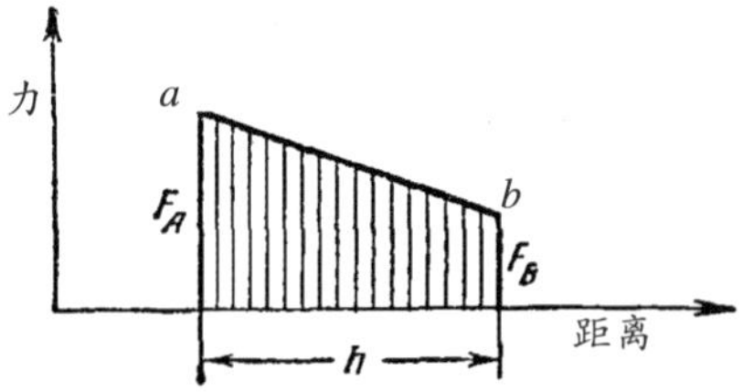

图 61 梯形阴影的面积表示变力所做的功

① 由于地心引力随着高度的增加而减少，图 60 中的 ab 边实际上是一条曲线，但由于高度差 h 很小，它与直线段几乎没有区别。

由于高度差 h 的数值很小，h^2 的数值就更小了。所以，即使我们放弃计算分子中的 h^2，那么所造成的误差也基本可以忽略不计。在这种情况下，我们可以得出：

$$\frac{1}{r^2}+\frac{1}{(r+h)^2}=\frac{2r^2+2rh}{r^2(r+h)^2}=\frac{2}{r(r+h)}=\frac{2}{h}\left(\frac{1}{r}-\frac{1}{r+h}\right)$$

这么看起来，火箭飞过距离 h 的过程中，克服地心引力所做的功为：

$$GmM\left(\frac{1}{r}-\frac{1}{r+h}\right)$$

我们将这个功看作是火箭所失去的动能，可以得出下面公式：

$$\frac{m{v_0}^2}{2}-\frac{m{v_1}^2}{2}=GmM\left(\frac{1}{r}-\frac{1}{r+h}\right)$$

将等式两边进行简化处理可得：

$${v_0}^2-{v_1}^2=2GM\left(\frac{1}{r}-\frac{1}{r+h}\right)$$

在经过一小段时间之后，火箭将会到达 C 点，此时火箭的速度为 v_2；之后，火箭将到达 D 点等，以此类推。按照之前的计算功的方法进行计算，我们可以得出：

火箭飞过 BC 段之后，失去的动能为：

$${v_1}^2-{v_2}^2=2GM\left(\frac{1}{r+h}-\frac{1}{r+2h}\right)$$

火箭飞过 CD 段之后，失去的动能为：

$${v_2}^2-{v_3}^2=2GM\left(\frac{1}{r+2h}-\frac{1}{r+3h}\right)$$

将火箭飞过 AB、BC、CD 段之后得到的等式相加，并在结果方程的左侧和右侧合并同类型，我们可以得到火箭飞过 AD 段后失去的动能和所做功之间的关系：

$${v_1}^2-{v_3}^2=2GM\left(\frac{1}{r}-\frac{1}{r+3h}\right)$$

由此可见，当火箭到达距离地心的高度为 R 的距离后，也就是火箭飞行了 $R-r$ 的距离之后，上述公式可以转换为：

$$v_0^2 - v_R^2 = 2GM\left(\frac{1}{r} - \frac{1}{R}\right)$$

我们将火箭到达距离地心 R 处所获得的速度用 v_R 表示，因为 $GM = gr^2$，可以得到：

$$v_0^2 - v_R^2 = 2gr\left(1 - \frac{r}{R}\right)$$

其中，g 表示地球表面的重力加速度。在已知火箭初始速度 v_0 的情况下，根据上面的公式，我们可以算出火箭在任何距离地心 R 处时的速度。当然，我们这个结论对于火箭竖直飞行来说，是完全正确的。在火箭的初始速度偏离竖直方向的情况下，不可避免地会出现火箭曲线飞行的情况。在这种情况下，我们的公式仍然具有一定的适用性。我们目前还很难给出严格的证明，但是可以给出一些能够支持这一观点的例子。

比如，力 F 的方向与位移距离 S 方向之间的夹角为 α，如图 62（a）所示，那么力 F 在直线距离 S 上所做的功 A 为：

$$A = FS\cos\alpha$$

如果力 F 的方向与位移距离 S 的方向一致，如图 62（b）所示，也就是说角度 α 为 0，那么 $\cos\alpha$ 的数值为 1，力 F 所做的功 A 为：

$$A = FS$$

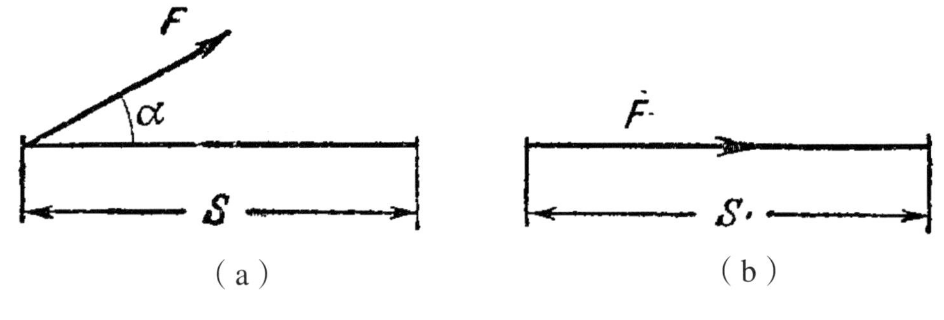

图 62 在力的方向与位移方向有夹角的情况下计算功

让我们再举一个例子，如图 63 所示，将重力为 P 的重物沿直线，从点 M 移动到点 N。这种情况下，克服物体重力所做的功 A 可以表示为：

$$A = PMN\cos\alpha$$

结合图像进行分析可知，在三角形 MNK 中，$MN\cos\alpha$ 的数值等于直角边 KM，那么结合上面的公式可知，克服重力所做的功为 $A = PKM$，也就是说，这种情况下做的功，与将重物垂直从点 M 提升到点 K 所做的功大小相同。

通过上面的分析计算我们可以知道，在点 K 和点 N 位于同一高度的情况下，将重物沿直线从点 M 提升至点 K 和点 N 时，克服重力所做的功相同。

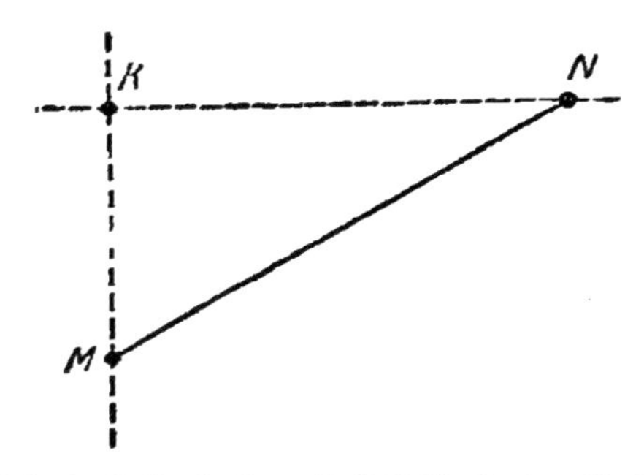

图 63　在点 K 和点 N 位于同一高度的情况下，将重物沿直线从 M 提升至点 K 和点 N 时，克服重力所做的功相同

我们所分析的例子，即克服物体重力所做的功，仅仅取决于物体的高度差异，而不取决于运动轨迹的形状。该力所做的功的大小，将等于物体重力与高度变化的乘积。然而，我们需要认识到，这个结论仅仅适用于重量保持不变的物体，且物体在平坦的地球表面运动。如果我们考虑到地球是一个球体，根据万有引力定律，地球的引力将随着距离的变化而变化。那么，我们应该认识到，要将一个物体从地球表面提升到一定的高度，需要消耗一定的功。我们用 A 表示功，那么功 A 的大小为：

$$A = GmM\left(\frac{1}{r} - \frac{1}{R}\right)$$

在上述公式中，G 是万有引力常数，m 是物体的质量，M 是地球的质量，r 是地球的半径，R 是从地球中心到火箭等物体所在位置的距离。如果我们将这个

功等同于火箭动能的损失，就可以计算火箭的飞行距离 R，以及获得的速度的公式。我们会发现，这个公式与火箭竖直飞行的情况相同：

$$v_0^{\ 2} - v_R^{\ 2} = 2gr\left(1 - \frac{r}{R}\right)$$

第二宇宙速度

让我们尝试回答以下问题：火箭的初始速度 v_0 应该是多少，才能使火箭飞到离地球无限远的地方，并且永远不返回地球。由于火箭的速度在远离地球的过程中不断减少，让我们再设定一个额外条件：让火箭飞到“无限远”的地方时速度等于 0。在我们得出的计算火箭速度的公式中，把距离 R 看作无穷大，而火箭在到达“无限远”时的速度等于 0($v_R = v_\infty$)，我们将发现：

$$v_0^{\ 2} = 2gr$$

由此可得：

$$v_0 = \sqrt{2gr}$$

通过这个公式，我们可以得出所谓的逃逸速度或脱离速度。如果这个速度与竖直方向成一个角度，火箭将沿着一个抛物线的轨迹飞行。因此，逃逸速度也被称为抛物线速度。

通过对比抛物线速度的公式和圆周速度的公式，我们看到，抛物线速度是圆周速度的 $\sqrt{2}$ 倍。因为圆周运动的速度为 7.9 千米 / 秒，所以地球表面的抛物线速度是 $7.9 \times \sqrt{2} \approx 11.2$（千米 / 秒），这就是所谓的第二宇宙速度。火箭在达到这个速度之后，将永远离开地球。然而，火箭实际上并不可能去到无限远的地方，因为在到达离地球相当远的距离后（大约 100 万千米），它将出现在太阳引力场中，受到太阳引力的作用，进而成为太阳的一颗小行星。

第三宇宙速度[①]

是否能用一种方式发射火箭，使它不仅能克服地球引力，还能克服太阳引力？要做到这一点，火箭速度必须大于第二宇宙速度。那么，在没有太阳的情况下，火箭脱离地球的轨迹将不再是沿着抛物线，而是沿着其他轨迹，即双曲线运动。在这种情况下，它的速度将持续下降，但即使“无限远”的地方（$R = \infty$），它的速度也不会达到 0。我们可以通过下面的式子得出其数值（参见我们计算火箭速度的公式）：

$$v_R^{\ 2} = v_\infty^{\ 2} = v_0^{\ 2} - 2gr$$

在这个公式中，$2gr$ 的数值为火箭进行抛物线运动的速度 v_b 的平方，由此，我们可以得出：

$$v_\infty^{\ 2} = v_0^{\ 2} - v_b^{\ 2}$$

如果我们近似地认为，在离地球 100 万千米的距离上，火箭相对于地球的速度等于它的“无限远时的剩余速度”，那么，这个结论总体上来看是正确的。

我们在这里需要特别指出，1959 年 1 月 2 日发射的火箭超过了抛物线速度，沿着双曲线远离地球。众所周知，在离地球一百万千米的距离上，其速度约为 2 千米 / 秒，这可以近似地认为是其在无限远时的剩余速度。这个速度与地球绕太

① 本篇文章由 В. П. 列万托夫斯基撰写。

阳运动的速度相加之后，苏联的火箭以相加后的速度开始绕太阳运行，成为一颗人造行星。它相对于太阳运行的速度约为 32 千米 / 秒。

为了让距离地球 100 万千米的火箭能够克服太阳引力场，它相对于太阳的速度必须大得多。很明显，它必须至少等于相对于太阳运动的抛物线速度。

然而，如果物体在地球的运行轨道上，那么计算它相对于太阳的抛物线速度并不困难。我们只要把地球绕太阳运行的轨道速度，当作地球与太阳平均距离的圆周速度（地球的椭圆轨道与圆周相差不大）。这个速度等于 29.8 千米 / 秒。那么相对于太阳的抛物线速度，可以通过将这个圆周速度乘以 $\sqrt{2}$ 来计算。它是 $29.8\times\sqrt{2}\approx42.1$（千米 / 秒）。

为了得到这样一个相对于太阳的运动速度，最好在充分利用地球绕太阳运动速度的情况下发射火箭。因此，火箭在失去地球引力的时候（离地球 100 万千米），相对于地球的速度应该等于 $42.1-29.8=12.3$（千米 / 秒）。

我们可以将这个速度视为火箭在“无限远时的剩余速度”v_∞，根据我们之前得到的公式：

$$v_\infty{}^2=v_0{}^2-v_b{}^2$$

假设火箭进行抛物线运动的速度 v_b 为 11.2 千米 / 秒，那么将这些数据代入公式，我们可以得到：

$$v_0=\sqrt{v_\infty{}^2+v_b{}^2}=\sqrt{12.3^2+11.2^2}\approx16.7$$

这样，我们就得出了第三宇宙速度的值。火箭达到这个速度后，将能够克服地球和太阳的引力场，永远离开太阳系。让我们出乎意料的是，这个速度并没有比第二宇宙速度大多少。

拖拉机的牵引力

【题目】一辆加挂“挂车”的拖拉机，功率为 10 马力。请计算，拖拉机换到下面每一挡时的牵引力是多大?

一挡的速度：2.45 千米 / 小时

二挡的速度：5.52 千米 / 小时

三挡的速度：11.32 千米 / 小时

【解答】因为功率等于在 1 秒内所做的功。在这个题目中，功率也等于 1 千克的牵引力与 1 秒的时间内拖拉机行驶距离的乘积。所以，在拖拉机换到一挡的速度时，我们可以得到下面的式子：

$$75\times10=x\frac{2.45\times1000}{3600}$$

在这个公式中，x 表示拖拉机的牵引力。通过公式计算，我们可以得出：

$$x\approx1000\text{（千克）}$$

同样的方法，我们可以计算出，在二挡的速度下，拖拉机的牵引力为 540 千克；在三挡的速度下，拖拉机的牵引力为 220 千克。

获得这些数据后，我们发现它们与我们的“常识”正好相反——拖拉机的运动速度越小，牵引力反而越大。

“活的发动机”和机械发动机

一个人是否可以产生1马力的功率？换句话说，一个人是否能够在1秒的时间里，做75千克米的功？

我们通常认为，在正常的工作条件下，一个人所能产生的功率约为$\frac{1}{10}$马力，也就是等于7~8千克米/秒。这种观点可以说完全正确。但是在特殊条件下，一个人能够在非常短的时间里产生比这个大得多的功率。如图64所示：

图64 人在上楼梯时可以产生1马力的功率

我们在沿着楼梯快速上楼的时候，所做的功就大于8千克米/秒。如果一个人的体重约为70千克，这个人在1秒钟内能走过6级台阶，每级台阶的高度约为17厘米，那么这个时候他所做的功就等于：

$$70\times6\times0.17\approx71\text{（千克米）}$$

这几乎等于1马力的功率；同时，这个数值大概是一匹马所能产生功率的1.5倍。但是，大家都知道，对于这样高强度的工作，我们顶多能维持几分钟的时间，然后就必须休息一会儿。如果把休息的时间也计算进去，那么我们所产生的平均功率就变得很小了，只有0.1马力多一点了。

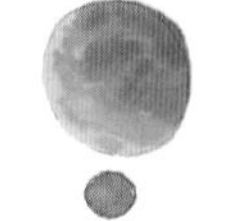

很多年前，在一次短距离（90米）赛跑中，有一名运动员产生了550千克

米 / 秒的功率，也就是约 7.4 马力。

一匹马在某些时候所产生的功率也可以非常大。在图 65 中，这匹马的体重是 500 千克，它在 1 秒的时间里跳起来的高度是 1 米。这时，它所做的功就是 500 千克米。通过计算可得，这匹马的功率约为：$\frac{500}{75} \approx 6.7$（马力）

图 65 这匹马此时产生约 7 马力的功率

我们大家应该还记得，1 马力的功率大概相当于一匹马平均功率的 1.5 倍，而图 64 中的这匹马的功率，竟然达到了惊人的数值——平均功率的 10 倍左右。

这是“活的发动机”特有的能力——可以在非常短的时间里让自己产生的功率提高很多倍，也是机械发动机无法实现的。毋庸置疑的是，如果在平坦的路况良好的马路上，一辆 10 马力的汽车肯定比两匹马拉的马车行驶得快。但是，如果在沙地里，汽车可能会陷到沙子里无法行驶，而两匹马却可以在需要的时候产生 15 马力甚至更大的功率，顺利地克服道路上的阻碍（如图 66 所示）。曾经有一位著名的物理学家对此发表过评论：

从某些角度来看，马匹真是一台非常有用的机器。在汽车还没有发明以前，

图 66 “活的发动机”有时比机械发动机好

我们很难体会它所产生的效能到底有多大，因为马车都是用两匹马来拉的。但是，汽车如果要想不在一个小土堆前面停下，可能需要相当于12匹~15匹马的功率。

100只兔子和1头大象

我们在比较“活的发动机”和机械发动机的功率时，应当注意另外一个重要的情况：几匹马合力的大小，并不等于将每匹马的力量进行简单算术相加之后的数值。用两匹马同时拉一辆车时，它们总的力量要小于一匹马力量的两倍。同样的道理，当三匹马共同拉一辆车的时候，它们总的力量也小于一匹马力量的三倍。之所以会出现这样的情况，原因在于当我们把几匹马套在一起的时候，它们并不能够协调用力，甚至多多少少会相互影响。大量实践证明，将不同数量的马匹套在一起时，它们会产生的功率如下表所示：

套在一起的马匹数	每匹马的功率	总功率
1	1	1
2	0.92	1.9
3	0.85	2.6
4	0.77	3.1
5	0.7	3.5
6	0.62	3.7
7	0.55	3.8
8	0.47	3.8

通过上面的图表我们可以看出，将 5 匹马套在一起时，它们所产生的牵引力并不等于 1 匹马力量的 5 倍，而只有 1 匹马力量的 3.5 倍；将 8 匹马套在一起时，它们所产生的牵引力只有 1 匹马力量的 3.8 倍。而且，在马匹的数量超过 8 匹之后，马匹的数量越多，每匹马的平均功率就越小。

通过上面的分析，我们应该认识到，如果想用马匹来代替一辆功率是 10 马力的拖拉机，15 匹马都远远不够。

我们甚至可以说，不管多少匹马，都永远不可能代替一辆拖拉机，哪怕是一辆马力非常小的拖拉机。

就像法国的一句谚语所说的那样：“ 100 只兔子也变不成 1 头大象。”同样的道理，我们也可以说：“100 匹马也代替不了 1 辆拖拉机。”

人类的“机器劳工”

我们的生活中有很多机械发动机，列宁曾经开玩笑地将这些机械发动机称为“机器劳工”，但是我们很多时候并没有清楚地认识到这些“机器劳工”的能量。与“活的发动机”比较而言，机械发动机最大的优势在于：它可以在很小的体积中积蓄很大的功率。在古代，大象和马是人们所知道的能量最大的“机器”。在那个时候，人们只能通过增加它们的数量来提高它们的功率。如何将很多匹马的工作能力聚集在一部发动机中，是现代社会所要解决的技术问题。

100 年以前，质量为 2 吨、功率为 20 马力的蒸汽机是人们能够制造出来的最强大的机器。对于这样一台蒸汽发动机来说，它每 100 千克质量可以产生 1 马力的功率。为了简单起见，我们将 1 匹马的功率等同于 1 马力，而 1 匹马的平均质

量是 500 千克。也就是说，对于马匹而言，它每 500 千克质量产生的功率是 1 马力。刚才我们已经计算过了，蒸汽机每 100 千克的质量就可以产生 1 马力的功率，相比较而言，蒸汽机相当于把 5 匹马的功率合到了 1 匹马身上。

现在，我们所拥有的功率和质量比较大的机器是 2000 马力的蒸汽发动机，这样一台蒸汽发动机的质量是 100 吨，也就是说产生 1 马力功率的质量为 50 千克。而电气机车可以产出 4500 马力的功率，电气机车的质量是 120 吨，相当于产生 1 马力功率的质量为 27 千克。

航空发动机在这个方面取得了巨大的进步。一台航空发动机的质量只有 500 千克，但是它却可以产生 550 马力的功率，也就是说对于航空发动机而言，产生 1 马力的质量不到 1 千克①。图 67 中的三张图片生动形象地展示了这几种机械发动机的差别：图中马头上涂黑的部分，表示不同机械发动机产生 1 马力功率时所对应的马的质量。

图 67 马头涂黑的部分是不同机械发动机产生 1 马力功率时所对应的马的质量

这一对比在图 68 中表现得更加清楚。在图 67 中，有一匹小马和一匹大马，两匹马的体积相差非常大，其中小马表示钢铁制成的航空发动机的质量。可见，在产生功率相等的情况下，与“活的发动机”的大块肌肉相比，“钢铁肌肉”所需的质量是多么微不足道。

① 对于现代的一些航空发动机而言，产生 1 马力的质量更小，只需 0.5 千克甚至更少。

图 68 1 部航空发动机和 1 匹马产生 1 马力功率的质量对比

图 69，所表示的是 1 部小型航空发动机与 1 匹马产生 1 马力功率时的质量对比。这部航空发动机的汽缸容量只有 2 升，但却产生了 162 马力的功率。

图 69 汽缸容量为 2 升的航空发动机产生了 162 马力的功率

在现代技术广泛运用的情况下，这场比赛还远远没有结束，因为我们会不断制造出拥有更大马力的机器①。我们还远远没有挖掘出燃料里面所蕴含的能量。我们都知道，1 卡相当于让 1 升水的温度升高 1 ℃所需要的热量，那么我们来研究一下，1 卡的热量蕴含着多少能量。如果把 1 卡热量百分之百完全转化成机械能的话，它能够提供 427 千克米的功。也就是说，1 卡热量转化之后所做的功，能够把重量为 427 千克的物体提升到 1 米的高度（如图 69 所示）。但是，现在常见的热力发动机的转化率只有 10%~30%。也就是说，在实际的工作过程中，1 卡的热量能转化而成的功并不是理论上的 427 千克米。

① 目前来说，航空发动机的功率是最大的，它可以在很短的时间内产生成千上万甚至是上百万马力。

图 70 1 卡热量转化的功，能够把重为 427 千克的物体提升到 1 米的高度

人类发明的所有可以产生机械能的能源中，哪一种能源的功率最大？答案是火器！

现代火器的质量大概为 4 千克，但它实际起作用的部分只有 2 千克左右。当火器发射子弹的时候，它产生的功大约为 400 千克米。仅仅从数据上看，这个功并不是很大，但是我们别忘了，子弹在枪膛中受到火药气体作用的时间非常短，这段时间只有 $\frac{1}{800}$ 秒。根据定义，发动机的功率是指在 1 秒的时间里所做的功。如果我们把火器所做的功换算成以 1 秒的时间单位内所做的功，也就是火枪的功率，可以得出：

$$400 \div \frac{1}{800} = 320000\text{（千克米/秒）}$$

将这个功率换算成马力，也就是大约 4300 马力。如果我们把这个数值再换算一下，除以步枪起作用的质量，也就是 2 千克，那么产生 1 马力功率的质量还不到 0.5 克。我们可以想象一下质量为 0.5 克的微型马，它的大小应该和一只甲壳虫差不多，但是产生的功率却和一匹真正的马不相上下。

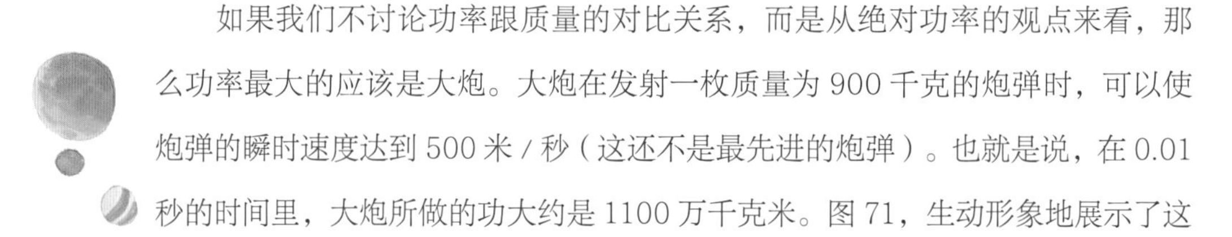

如果我们不讨论功率跟质量的对比关系，而是从绝对功率的观点来看，那么功率最大的应该是大炮。大炮在发射一枚质量为 900 千克的炮弹时，可以使炮弹的瞬时速度达到 500 米/秒（这还不是最先进的炮弹）。也就是说，在 0.01 秒的时间里，大炮所做的功大约是 1100 万千克米。图 71，生动形象地展示了这个功的大小：它相当于把重为 75 吨的物体提升到奇丽普斯金字塔①的顶端（150 米）所做的功。大炮所做的功是在 0.01 秒的时间里瞬间产生的，所以它所产生的功率约为 11 亿千克米 / 秒，也就是 1500 万马力。

图 71，展示了 1 门巨型海军炮所产生的能量。

图 71 炮弹所做的功足以把 75 吨的重物提升到金字塔的顶端

图 72 1 门巨型海军炮所产生的热量足以把 36 吨冰块融化

① 奇丽普斯金字塔由古埃及第四王朝第二位法老胡夫建造，因此又称为胡夫金字塔，希腊人称之为齐阿普斯金字塔。它是世界上最大的金字塔，列为“世界七大奇迹”之一。

“带水分”的称货方法

一些不实在的商人经常这样称货物：他们在添加最后一份货物时，不是把货物慢慢地加到秤盘上，直到最后达到平衡，而是将货物从高一些的地方扔到秤盘上。这样一来，天平就会向着盛有货物的一边倾斜下去，从而欺骗一些老实的客户。如果客户不着急，一直等到天平稳定下来，他肯定会发现刚才丢上去的货物并不能使天平达到平衡。

这是什么原因呢？原来，当物体从高处落下时，对接触点产生的压力，大于货物自身的重量。通过下面的计算，我们会了解得更清楚一些。假设物体的质量为 10 克，当它从 10 厘米的高度落到秤盘上时，由于重力的作用，它会具有一定的能量，这个能量等于物体的质量与这一高度的乘积，也就是：

$$0.01\times0.1=0.001\text{（千克米）}$$

物体在落到秤盘上之后，物体的能量将使得秤盘下降。假设秤盘下降了 2 厘米之后，将物体的能量消耗完毕。如果我们用 F 表示物体对秤盘的压力，那么就可以得到下面的式子：

$$F\times0.02=0.001\text{（千克米）}$$

我们通过计算可得：

$$F=0.05\text{（千克力）}$$

也就是说，一份重量为 10 克的货物，从 10 厘米的高度落到秤盘上时，除了自身的质量还产生了 50 克的压力。所以尽管顾客离开柜台的时候，认为自己拿了正确数量的货物，但是其实货物少了整整 50 克。

亚里士多德①的难题

1630年，伽利略奠定了力学的基础。其实，早在2000年前，亚里士多德就撰写了著作《力学问题》。在《力学问题》一书中，亚里士多德提出了36个问题。其中一个问题是这样的：

如果我们在一把斧头上面压一块重物，然后再把它们一起放在木头上，这时斧头对木头的破坏非常小。但是，如果我们把重物拿开，提起斧头砍到这块木头上，就会把木头劈开。这是为什么呢？明明提起斧头砍木头时所用的力要比重物的重力小多了啊。

由于在亚里士多德的时代，人们对力学的认识非常模糊，所以亚里士多德也不能很好地解答这个问题。不仅是亚里士多德，可能一些读者朋友也无法解决这个问题。下面，让我们一起来讨论一下这个难倒希腊思想家亚里士多德的难题。

当斧头砍向木头时，它的动能是多大？在这种情况下，动能由两部分组成：首先，当我们把斧头举起来的时候，斧头会具有一定的能量；其次，斧头在向下运动的过程中，也会积累一定的能量。假设斧头的质量是2千克，斧头被我们举起的高度是2米，那么斧头在这个过程中得到的能量就是：$2 \times 2 = 4$（千克米）。当斧头向下落的时候，一共受到了两个力的作用：一个是斧头自身的重力，另一个是人的臂力。如果没有人的作用，斧头只是在自身重力的作用下落下来，那么它从2米的高度落下时，所得到的动能就等于它被举起来时获得的能量，也就是4千克米。但是在人的臂力的作用下，斧头向下落的速度变快了，这使它获得了

① 亚里士多德（公元前384—公元前322），古希腊哲学家、科学家、教育家。

额外的动能。假设人的手臂在上下挥动时产生的能量是一样的，那么斧头在落下的时候所获得的能量，就应该等于把它举起来时所得到的能量，也就是 4 千克米。所以，当斧头砍到木头上的时候，斧头的能量是 8 千克米。

斧头在砍到木头上之后，会持续向下运动，砍进木头里面。斧头能够进入的深度是多少呢？我们不妨假设斧头进入了 1 厘米。也就是说，在 0.01 米的路程里，斧头的速度降到了 0，动能完全消耗完毕。了解了这些数据之后，我们就可以计算出斧头作用在木头上的力。

$$F \times 0.01 = 8 \text{（千克米）}$$

通过计算，我们可以得出：

$$F = 800 \text{（千克力）}$$

也就是说，斧头砍向木头时的力为 800 千克。通过分析我们就明白了，这样一个无形但是巨大的力量把木头劈开，其实并没有什么可奇怪的。

难倒亚里士多德的难题就这样被我们解决了。但是，与此同时，这个难题又给我们提出了新的问题：人的肌肉力量是不可能直接把木头劈开的，那么人的手臂是如何把自己不具备的力量作用到斧头上呢？原因在于，在挥动斧头的过程中所积累的能量全部消耗在了砍进去的 1 厘米的路程上。所以，这把斧头产生的功率完全可以媲美锻锤这样的机器了。

通过前面的分析，我们可以明白：为什么需要用力量极大的压力机代替气锤。例如，一个 150 吨的锤子需要用 5000 吨重的压力机代替，一个 20 吨的锤子需要用 600 吨重的压力机代替，等等。

无独有偶，马刀的作用也可以用这个原因解释。当然了，对于马刀来说，非常重要的一点是，作用力主要集中在面积非常小的刀刃上。这样，作用在每平方厘米上的压力会变得非常大，大概等于几百个大气压。与此同时，马刀的挥动幅度也是同样重要。在砍下之前，马刀大概挥动了 1.5 米的距离，但是在砍进敌人身上时，却只砍进去了 10 厘米。我们可以看到，在 1.5 米的路程中所积累的能量，全部消耗在了砍进去的距离里，而这个距离仅为原来路程的 $\frac{1}{15} \sim \frac{1}{10}$。正是因为这个原因，战士的臂力仿佛增加到原来的 10 倍 ~15 倍。除了这个因素之外，砍马刀的方法也非常重要：战士在使用马刀的时候，不仅仅直接砍向敌人，而且在砍中敌人的瞬间把马刀往回抽。正是因为这个原因，我们可以说，马刀不是砍击过去的，而是砍切过去的。大家可以做一个试验，尝试一下将面包分成两半，你会发现用砍击的方法来分面包要比直接切面包困难得多。

如何包装易碎物品

如图 73 所示，在包装易碎物品的时候，大家通常会在物品周围放置一些稻草、刨花或者纸条等。为什么要放这些东西，大家都很清楚，是为了防止物品碎掉。那么，为什么稻草和刨花可以防止物品被震碎呢？可能有人会说：因为这些东西可以“减轻”震动时发生的碰撞。这个答案相当于把问题又重复了一遍，并没有说出真正的原因。我们需要找出这个“减轻”碰撞的真正原因。

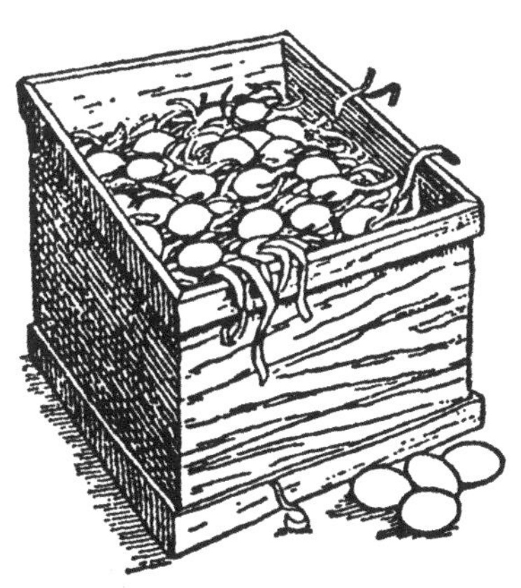

图 73 为什么在包装鸡蛋时需要填充刨花？

事实上，原因共有两个：第一个是通过放置填充材料，可以增大易碎物品之间互相接触的面积。比如，如果一件物品具有尖锐的棱或者角时，我们通过在它和另一件物品之间放置填充材料，就可以把点或者线的接触，变成片或者面的接触。这样一来，物体相互之间的作用力就会分布在较大的面积上，物品之间的压力就会减小很多。

另一个原因是在物品发生震动的时候才会表现出来。比如，一个装着杯盘的箱子在受到震动后，箱子里的每件物品都会发生运动。但是由于受到旁边物品的妨碍，物品的运动一般会立刻停止。在这种情况下，物体运动所产生的能量，就会消耗在物品的挤压、碰撞上，结果就会导致物品破碎。因为功的大小等于力与距离的乘积（$F \times S$），而在物品放置得很紧密的情况下，消耗掉物体能量的路程就会变得特别短。为了消耗掉全部能量，在这一瞬间产生的挤压力就会非常大。

通过刚才的分析，我们知道了为什么要添加这些柔软的填充物，这些柔软填充物的作用就是为了让力的作用距离S变长，从而使物体之间的相互作用力F变小。如果不填充这样的材料，力的作用距离S会非常短，产生的挤压力就会变得非常大。比如，玻璃、鸡蛋等，哪怕仅仅挤压进几十分之一毫米，都可能碎掉。在易碎物品相互接触的部位之间放置一些稻草、刨花或者纸条，可以把力的作用路程延长几十倍，同时把作用力的大小减小到原来的几十分之一。

能量从哪里来？

图 74 和图 75 中所显示的工具是东非人制作的一个陷阱。在图 74 中，只要大象碰到地上斜拉的绳子，带有锋利鱼叉的木头就会垂直落下，扎到大象的背部。

图 75 中所展示的陷阱则更加巧妙，如果野兽碰到绳子，就会触发弓上的箭，使箭射到野兽的身上。

图 74 非洲丛林中捕猎大象的装置

图 75 非洲丛林中猎兽用的弓箭装置

这些可以杀伤野兽的装置是从哪儿获得的能量呢？我们很容易猜到，能量来自布置这些装置的人。在图 73 的陷阱中，木头从高处落下所做的功，正好等于人把它提升到这个高度时所做的功。在图 74 的陷阱中，弓箭所做的功，正好等于猎人把弓箭拉开时所做的功。在这两种情况下，野兽只是把储存在装置中的能量释放了而已。如果想再次使用这些陷阱，就必须对装置重新做功，使它们恢复图中的样子。

但是在大家都知道的熊和木头的故事中，陷阱和上面的情况是不相同的。熊在爬上树干到达蜂巢的时候，碰到了一根悬空的木头，这根木头挡住了它的去路，

阻止了熊向上攀爬（如图76所示）。于是，熊便推了木头一下。但是，摆开的木头又很快恢复成了开始的样子，并且还撞了熊一下。气愤的熊便又狠狠地推了木头一下。结果，木头还是弹了回来，并且重重地打在了熊的背上。熊变得狂躁起来，更加用力地推开木头。结果，再次弹回来的木头将它打得更重了。在一番斗争后，熊被折腾得筋疲力尽了。最后，熊从树上跌落了下来，并且被树下尖锐的木橛给扎伤了。

图76 与悬垂着的木头较量的熊

我们会发现，故事中的陷阱设置得非常巧妙，不需要再次布置就可以重复使用。当它把第一只熊打落之后，在不需要任何人参与的情况下，就可以把爬上树的第二只熊打下去，接着是第三只、第四只……那么问题就出现了，把熊打下来的能量从哪里来的呢？

在这个故事中，装置所做的功其实完全来源于野兽自身的能量。换句话说，正是熊自己把自己从树上打下来，并且使自己跌落在尖锐的木橛上。当熊推开悬垂的木头时，它把自己肌肉的能量变成了举起来的那根木头的势能。接着，这个势能又变成了落下来的木头的动能。同样的道理，熊在爬树的时候，也把一部分肌肉的能量变成了身体在高处的势能。在熊从树上跌落的过程中，这个势能变成了熊跌落在尖锐的木橛上的动能。换句话说，熊是自己打自己、自己使自己从树上摔到地上、自己把自己戳到尖锐的木橛上的。在进入陷阱之后，熊越是强壮凶猛，它最后受到的伤害也就越严重。

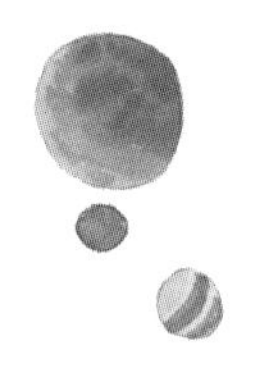

自动机械真是“自动”的吗？

不知道大家是否听说过一种非常小巧的仪器，叫作测步仪。测步仪的大小和形状与一只怀表差不多，将它放在口袋里，它会自动计算你步行时走的步数。图76展示了测步仪的表盘和内部构造。在测步仪的机械构造中，主要的部分是重锤 *B* 和杠杆 *AB*。其中，重锤 *B* 固定在杠杆 *AB* 的一端，而杠杆 *AB* 可以围绕轴 *A* 旋转。在静止状态时，重锤会停留在图77中所示的位置，由一个软弹簧把它固定在仪器的上半部分。我们知道，人每走一步，身体都会有起伏。这个时候，口袋中的测步仪也会跟着上下起伏。但是，重锤 *B* 在惯性的作用下，并不能立刻跟着仪器的起伏而摆动，它会克服软弹簧的弹性，使自己到达仪器的下半部分。同样的原理，当测步仪向下落时，重锤 *B* 则会向上移动。所以，人每向前走一步，杠杆都要来回摆动两次（也就是上去一次，下来一次）。同时，*AB* 的摆动可以带动齿轮转动，使表盘上的指针移动，从而记录下这个人的步数。

图 77 测步仪及其内部构造

如果有人向你提问：使测步仪产生运动的能量来自何处？你可以肯定而准确地告诉他，是人的肌肉在做功。可能还有些人有疑问，他们认为：对于步行的人来说，根本不用消耗他多余的能量，因为人反正都是行走着的，似乎不需要为测步仪消

耗其他能量。这个观点明显是错误的。对于带着测步仪步行的人来说，在将这个仪器抬到一定的高度的过程中，毫无疑问需要多花一些力量，这些力量除了克服测步仪自身的重力之外，还需要克服拉住重锤 B 的弹簧的弹力。

测步仪或许可以启发我们制造出一种手表，这种手表可以借助人的运动来“自发”运动。实际上，这种手表确实存在。当把这种手表戴在手腕上之后，根本不需要手表主人操心，手不停地运动就可以给这个表上紧发条。通常情况下，我们只需要戴几个小时，手表就可以正常工作一昼夜。这种表使用起来非常方便，因为手会经常运动，所以它一直处于上发条的状态，从而使发条保持恒定的张力，而正是这个恒定的张力使表针能够准确地运动，保证了手表计时的精确性；而且在这种表的表壳上没有任何开孔，可以有效防止灰尘和水进入手表内部。除此之外，这种手表最大的优点就是根本不用去想什么时候上发条。表面上看，似乎这种表只能给钳工、裁缝、钢琴家或者打字员使用才行，因为他们的手一直在工作，仿佛对于脑力劳动者来说，这种表根本不适用。这是不正确的。我们之所以会产生这种错误的观点，是因为我们忽略了这种手表的一个重要的特性：对于这种表来说，只需要非常细微的运动，就可以使它走动，并上紧发条。事实证明，哪怕只是做了两三个动作，就足以使重锤给弹簧上紧发条，然后手表走上 3~4 个小时都没有问题。

既然是这样，那么是否可以认为，这种表不会消耗主人任何能量，就可以一直走下去？这种看法是不正确的。这种表所消耗的主人肌肉的能量与需要手动上紧发条的普通手表所消耗的肌肉能量大小几乎是一样的。如果我们进一步研究会发现，当把这种手表戴在手腕上时，手臂所做的功要比戴普通手表的更大一些。这是因为如同前面的测步仪一样，手臂的一部分能量，需要消耗在克服弹簧的弹力上。

从严格意义上来说，我们所说的这两种装置都不能算自动机械，它们仍然需要人的肌肉力量来上紧弹簧，只是不需要人“特意关心”罢了。

钻木取火

我们可能在很多书中都看到过有关“钻木取火”的故事。根据书中的描写，钻木取火似乎并不是一件困难的事情。但是，在实际操作过程中，你就会发现“钻木取火”并不是一件容易的事儿。马克・吐温曾经尝试过根据书本上介绍的方法，进行摩擦取火，下面是他对这件事的描述：

> 我们各自找了两根木棒，开始用一根木棒摩擦另一根。但是两个小时过去了，我们都快冻僵了，木棒一点儿着火的迹象也没有（这件事发生在冬天）。我们开始痛苦地抱怨印第安人、猎人和那些给我们提供这个建议的书籍。

类似的情景，杰克・伦敦在《老练的水手》一书中也曾提到过：

> 我看过很多遇难脱险的人后来写的回忆录，他们都曾经试图用这个方法来取火，但是无一例外都失败了。其中，有一位曾到阿拉斯加和西伯利亚旅行的新闻记者给我留下了深刻的印象。有一天，我在一个朋友的家里遇到了他，他当时跟我提到了之前想用木棒钻木取火的事情，并且很风趣地讲述了那次失败的经历。我还记得他在最后说道：“来自南部海域的岛民也许能做到钻木取火，或许马来人也能做到这一点；但对于白种人而言，这远远超出了他的能力范围。”

凡尔纳在其著作《神秘岛》一书中，也写到了钻木取火，并给出了相同的判断。其中，经验丰富的水手潘克洛夫与青年赫伯特有过这样一段对话：

> “我们或许可以像原始人那样，通过摩擦两块木块来取火呀！”

“我的孩子，你当然可以尝试一下。让我们来看一看，你真这样做，除了把你的两只手磨出血，是否能够擦出一点儿火花。”

“但是，在太平洋的海岛上，这个简单的方法明明得到了普遍应用呀！”

“我不想和你争论这个问题，”水手回答说，“但是我认为，那些人肯定有什么特别的本事吧，我曾经不止一次试过这个方法，但是无一例外都失败了。所以，我现在觉得用火柴是最好的办法。”

凡尔纳继续在书中写道：

尽管潘克洛夫这么说了，但是他还是和赫伯特去找了两块干燥的木块，想采用摩擦的方法来取火。如果把他们所付出的能量都转化成热量，那么这些热量完全可以使一艘横渡大西洋的轮船上的锅炉里面的水沸腾。但是，结果非常令人遗憾：那两块木块只是温度升高了一点点，甚至还没有他们两个人的体温高。

大约过了一个小时，潘克洛夫累得满头大汗，他生气地把木块扔在地上。

“让我相信古代人用这个方法来取火，是绝对不可能的。我宁肯相信冬天出现了大热天。”潘克洛夫说道，“在我看来，摩擦两只手把手心点燃，可能都比摩擦木块取火容易。”

这些人失败的原因在哪里呢？其实，原因就在于他们没有采用正确的方法。大部分原始人并不是通过简单的摩擦木棒来取火的，而是用一根削尖了的木棒在另一块木板上钻孔。

通过下面的简单分析，我们就可以看出两种方法之间的不同。

如图 77 所示，如果我们用木棒 *CD* 沿木棒 *AB* 来回运动，假设来回运动的频率是每秒钟一次，每次前后移动的距离是 25 厘米，而双手作用在上面的压力是 2 千克（数字是任意选择的，但也是合理的）。对于相互摩擦的木头来说，它们之间的摩擦力大概等于作用在上面的压力的 40%。也就是说，这时，摩擦力为 2 × 0.4 = 0.8 千克，来回移动的距离是 50 厘米。力在这段距离一共做了 0.8 × 0.5 = 0.4 千克米的功（如果此时产生的动能完全转化为热能，那么会产生 0.4 × 2.3 = 0.92 卡的热量）。

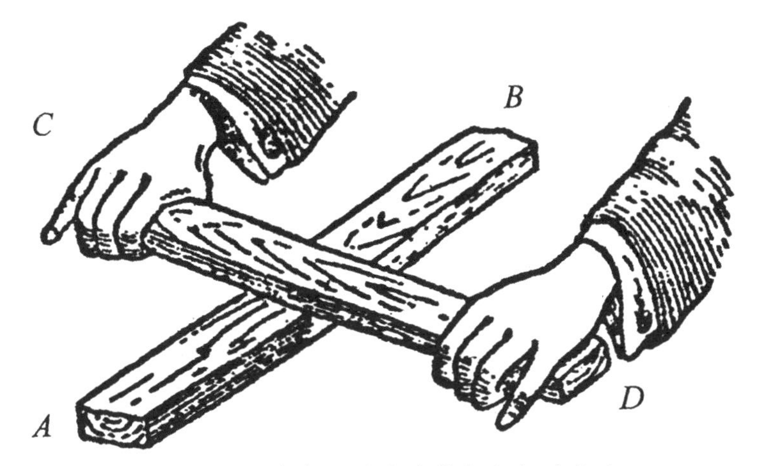

图 78 书中所描述的钻木取火的方法

假设这些机械能做的功全都变成了热量，那么热量作用到木头上的体积有多大呢？大家都知道，木头的导热性很差，所以摩擦产生的热量只能透到木头里面很浅的地方。让我们假设木棒受热部分的厚度是 0.5 毫米，木棒在相互摩擦的时候，接触的长度是 50 厘米，假设木棒的宽度为 1 厘米（也就是说，接触面的宽度是 1 厘米）。那么，摩擦产生的热量作用到木头上的体积为：

$$50\times1\times0.05=2.5\text{（立方厘米）}$$

这些木头的质量大概是 1.25 克。假设木头的比热容为 0.6，那么木头的受热面所升高的温度为：

$$\frac{0.92}{1.25\times0.6}\approx1\text{（摄氏度）}$$

这也就意味着，即便在不考虑因为天气冷而造成的热量损失的情况下，两根摩擦的木棒在 1 秒的时间里所做的功只能让接触面的温度升高 1℃。但是，由于整根木棒都被冬天的冷空气包围着，所以木棒冷却的速度会更快。因此，马克·吐

温断言：“木棒在摩擦的时候，不但不会变热，还可能会变得更冷。”这一论断是有一定道理的。

但是，如果我们采取了正确的钻孔取火的方法，就会出现另外一种情形了。在图 78 中，竖立的木棒可以旋转，它下端的直径为 1 厘米，而且钻进下面木板中的深度也是 1 厘米。钻弓的长度是 25 厘米，1 秒的时间内能够来回拉动一次，来回拉动钻弓的力是 2 千克，那么在这种情况下，人每秒所做的功，同样也还是 $0.8 \times 0.5 = 0.4$ 千克米，这种情况下产生的热量为 0.92 卡，但是木头的受热体积却比刚才小多了，只有 $3.14 \times 0.05 = 0.15$ 立方厘米，而且质量只有 0.075 克。所以，从理论上来说，旋转木棒底端的温度升高了：

$$\frac{0.92}{0.075 \times 0.6} \approx 20\text{（摄氏度）}$$

事实上，木棒底端的温度确实可以升高这么多（或者说接近这个温度）。因为在钻动的时候，受热的位置并不容易散失热量。我们都知道，木头的燃点大概是 250 ℃。所以，要想让木棒燃烧起来，只需要用这种方法，一直钻动 $\frac{250}{20} \approx 13$ 秒，就可以实现了。

图 79 钻木取火的正确方法

根据人类学家的说法，非洲黑人中熟练的“钻火者”在几秒钟[①]内就能生火，这一事实证实了我们分析计算的正确性。大家也一定看到过这样的现象：如果大车的车轴没有很好地润滑，非常容易烧坏。其中缘由与钻木取火是一样的。

弹簧的能量消失了吗？

当我们把一片钢板做的弹簧弯曲的时候，我们所做的功会转化为弯曲弹簧的动能。如果我们能够用这个被弯曲的弹簧把一个重物举起来，或者使车轮转动起来，那么，我们就重新得到了刚才所付出的能量：其中的一部分能量做了有用的功，另一部分能量则用于克服摩擦阻力了。无论如何，能量不会无缘无故消失掉。

但是，如果我们用弯曲的钢板弹簧做另外一个试验，比如把弹簧放到硫酸中，就会发现弹簧完全被硫酸腐蚀掉了。那么在这个试验中，弹簧上面储存的动能去了哪里，看起来好像平白无故地消失了。这样一来，似乎不符合能量守恒定律啊。

事实果真是这样吗？我们为什么认为能量消失得无影无踪了呢？事实上，在弹簧被硫酸完全腐蚀掉之前，弹簧会慢慢地张开伸直，在这个过程中，弹簧上面所储存的能量会以动能的形式表现出来，一部分能量使弹簧自身运动，另一部分能量用于推动弹簧前面的硫酸，甚至把弹簧的动能变成硫酸的热能，使硫酸的温度升高。当然了，在这种情况下，硫酸的温度并不会升高多少。我们可以分析一下：如果一根弹簧被弯曲后，弹簧两端的距离比它伸直的时候缩短了 10 厘米，也就是

① 除了钻孔，原始人还采用了其他摩擦生火的方式——用“火犁”或者“火锯”来取火。在这两种情况下，木材的受热部分为木粉，取火过程中需要保护木粉不会被冷却。

0.1 米，而此时弹簧的应力为 2 千克，也就是说，用来弯曲弹簧的力的平均值为 1 千克，那么弹簧的势能就是：1 × 0.1 = 0.1 千克米，转化为热量为 2.3 × 0.1 = 0.23 卡。这点热量是非常少的，只能使硫酸的温度升高一点点，很难表现出来。

除此之外，弹簧具有的动能也可能转化为电能或者化学能。如果动能变成能够促进钢溶解的化学能，就会加速弹簧被腐蚀的过程；当然了，如果产生的化学能延迟钢的溶解，那么就会使弹簧被腐蚀得慢一些。

如果我们想知道，弹簧具有的动能到底是加快了还是减慢了弹簧被腐蚀的进程，那么就需要用实验来证实。

实际上，已经有人做了这个实验。

如图 80 所示，在左侧的玻璃缸的底上部放着两根固定用的玻璃棒。两根玻璃棒之间的距离是 0.5 厘米。在玻璃棒之间夹着一片弯曲的钢质弹簧。在图 79 中右侧的玻璃缸里，人们把同样的一根钢质弹簧片放在玻璃缸的两壁中间。然后，在玻璃缸里倒满硫酸溶液。过一段时间后，弹簧会崩断。随着时间推移，崩裂形成的两个半段弹簧会被硫酸完全腐蚀掉。人们准确地记录了从把弹簧放到硫酸中，一直到弹簧完全被腐蚀掉的时间。然后，在其他条件完全相同的情况下，再用没有弯曲的同样的钢质弹簧做一次实验。他们发现，没有弯曲的钢板的溶解时间比弯曲的钢板要短一些。

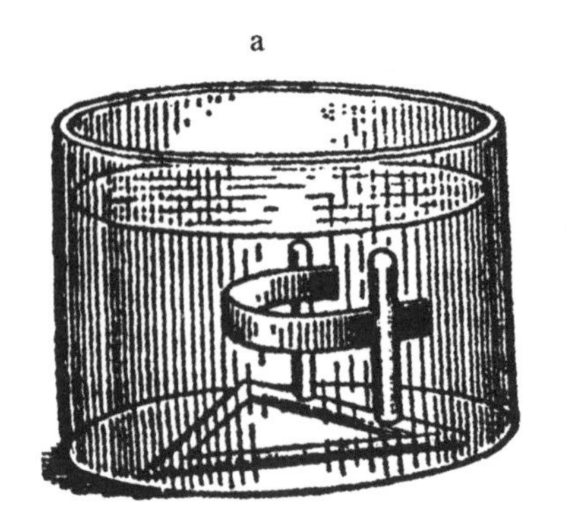

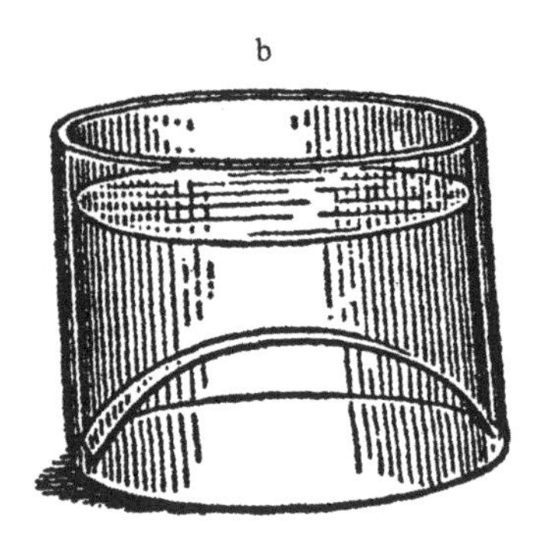

图 80 弯曲弹簧的溶解实验

这个实验结果可以证明，弯曲的钢质弹簧比没有弯曲的钢质弹簧更耐腐蚀。我们可以毫无疑问地说，把弯曲弹簧所花的能量有一部分转化成了化学能，而且这部分化学能不利于硫酸溶解弹簧；还有一部分能量转化成了弹簧弹开时自身的动能（或者叫机械能）。这也就证明了，一开始作用于弹簧的能量并没有无缘无故地消失。

通过研究上面这个问题，我们可以提出下面这个新问题：

如果把一束木柴拿到四楼，那么这束木柴的势能毫无疑问就增加了。但是，当木柴燃烧的时候，刚才多出来的那部分势能去哪儿了？

这个问题并不难回答。我们可以思考一下：木柴在燃烧的时候，会转变成一些产物。这些产物的高度肯定比在地面上燃烧木柴产生的产物高，它所拥有的势能也比地面上的产物要大。多出来的这部分势能就是木柴所增加的势能。

$v_t^2 - v_0^2 = 2gh$

$W = Fs\cos\alpha$

$h = \frac{gt^2}{2}$

$\frac{Gm_1m_2}{r^2} = F$

$W = Fs\cos\alpha$

$v_t^2 - v_0^2 = 2gh$

$h = \frac{gt^2}{2}$

$W = Fs\cos\alpha$

$\frac{Gm_1m_2}{r^2} = F$

第九章

摩擦力与介质阻力

$v_t^2 - v_0^2 = 2gh$

$W = Fs\cos\alpha$

$\frac{Gm_1m_2}{r^2} = F$

从冰山上滑下

【题目】已知一条滑冰道的坡度为 30°，长度为 12 米，如果雪橇从这条滑道上滑下，然后沿着水平面继续向前滑行。那么请回答，雪橇最远能滑多远?

【解答】如果雪橇在冰面上滑行时没有摩擦力，那么雪橇将会一直滑行下去，永远也不会停下来。但是在现实生活中，雪橇和冰面之间是存在摩擦力的，尽管这个摩擦力是很小的——雪橇下面的铁条与冰面之间的摩擦系数为 0.02。因此，雪橇从冰山上滑下来时所获得的动能会全部用于克服冰面的摩擦力，当雪橇上的动能消耗完毕时，雪橇就会停止滑行。

我们如果想计算出雪橇在冰面上滑行的距离，首先必须计算出雪橇从冰山上滑下来时，得到的动能是多少。

如图 81 所示，我们可以将这个冰山看作是一个三角形，雪橇从高度为 AC 的地方沿着边 AB 滑下来。因为斜坡的坡度是 30°，所以图中 $\angle ABC=30°$。根据勾股定理，直角边 AC 的长度正好是斜边 AB 的一半，题目中已经给出数据，边 AB 的长度即为冰道的长度为 12 米，所以高度 AC 为 6 米。我们假设雪橇的重力为 P，并且在冰山上滑行时不产生摩擦力，那么当雪橇滑到山脚，也就是 B 点时，

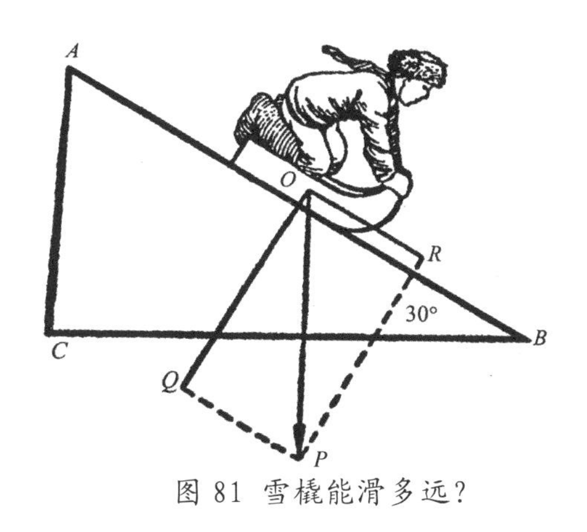

图 81 雪橇能滑多远？

它得到的动能就是 $6P$ 牛顿。我们可以把雪橇的重力 P 分解为两个方向上的分力：一个是与斜面 AB 垂直的力 Q，一个是与斜面 AB 平行的力 R。由于力 Q 的大小等于 $P\cos30°$，我们已经知道摩擦系数是 0.02，那么摩擦力的大小为 $0.02Q$。因为斜面 AB 的长度为 12 米，所以克服摩擦力所消耗的动能为：

$$0.02 \times 0.87P \times 12 = 0.21P\text{（千克米）}$$

所以，这只雪橇得到的实际动能为：

$$6P - 0.21P = 5.79P\text{（千克米）}$$

根据题意，雪橇滑下来后，将沿着水平方向滑行。假设它一共滑行了 x 米，那么它克服摩擦力所消耗的功就是 $0.02Px$ 千克米。于是，我们可以得到方程式：

$$0.02Px = 5.79P$$

通过解方程式，我们可以得出：

$$x \approx 290\text{（米）}$$

这样一来，我们就找到答案了：这只雪橇从冰山上滑下来之后，将继续沿着水平方向滑行 290 米才能停下来。

关闭发动机的汽车

【题目】一辆汽车在水平公路上以每小时 72 千米的速度行驶，如果汽车司机突然把发动机关闭了，那么在汽车的运动阻力为 2% 的情况下，这辆汽车能继续行驶多远的距离？

【解答】我们可以感觉得到，该题目与上面的题目有些类似。但是在这道题目中，需要用其他方式来计算汽车的动能。根据我们学习过的公式，汽车的动能为$\frac{mv^2}{2}$。其中，m表示汽车的质量，v表示汽车的行驶速度。在司机关闭发动机之后，汽车的动能$\frac{mv^2}{2}$将会在x米内全部消耗完毕。题目中已经告诉我们，汽车在这段路程上受到的阻力为汽车重力的2%。假设汽车的重力为P，我们可以得到下面的等式：

$$\frac{mv^2}{2}=0.02Px$$

因为汽车的重力P为汽车的质量m和重力加速度g的乘积。所以，上面的式子可以变换为：

$$\frac{mv^2}{2}=0.02mgx$$

我们通过解方程式，可以得出距离x为：

$$x=\frac{25v^2}{g}$$

我们会发现，在上面表示距离x的表达式中，并没有出现汽车的质量m。由此我们可以得出，汽车在发动机被关闭之后，继续向前行驶的距离大小与汽车的质量无关。根据题目中给出的数据，汽车的速度v为72千米/小时，也就是20米/秒，取g = 9.8米/平方秒，把这两个数值代入上面的式子，可以得出这个距离的长度大概是1000米。也就是说，这辆关闭发动机的汽车可以在平坦的道路上继续行驶1000米的距离。我们之所以会得出这么远的距离，是因为在计算过程中没有将空气阻力考虑在内。在现实生活中，汽车的速度越大，空气阻力越大。所以，如果将空气阻力考虑在内，那么这个距离将会缩短很多。

马车的车轮

为什么很多马车的前轮都做得比后轮小一些？即使在前轮不是转向轮，也不需要置于车身下方时，前轮也要比后轮小，为什么会出现这种情况呢？

为了找到正确答案，我们不妨把上面的问题变换一下说法。我们可以将前轮为什么小一些的这个问题变换成另外一个问题：为什么马车的后轮要设计得大一些？原因在于，如果前轮比较小，马车的轴线就会低一些，从而使车辕和挽索之间存在一定的倾斜度。当马车陷入坑洼里时，这样的设计有助于那匹马将马车拉出来。如图 82 所示，左图中车辕 *AO* 是倾斜的，这样的设计使马的拉力 *OP* 分成了 *OQ* 和 *OR* 这两个不同方向的力。其中，*OR* 是向上的力，可以把马车从坑洼之处拉出来；*OQ* 是向前的力，可以使马车前进。如果车辕是水平的，它的施力方向就是图 81 中所示拉力 *A'O'* 的方向，那么就不可能产生一个向上的力，这样就很难把马车从坑洼里面拉出来了。如果道路保养得比较好，路面上没有坑洼，就不需要采用前轮比后轮小这种设计。比如，我们现在常用的汽车和自行车等，它们的前后轮就是一样大的。

现在让我们来看另外一个问题：为什么不将后轮设计得和前轮一样小呢？这是因为，滚动物体受到的摩擦力与自身半径成反比，所以与小轮子相比，大轮子的优势在于受到的摩擦力会小一些。这也就是人们把后轮做得大一些的原因了。

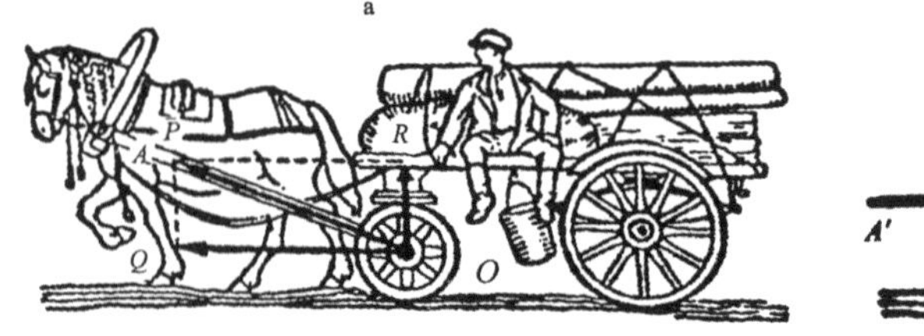

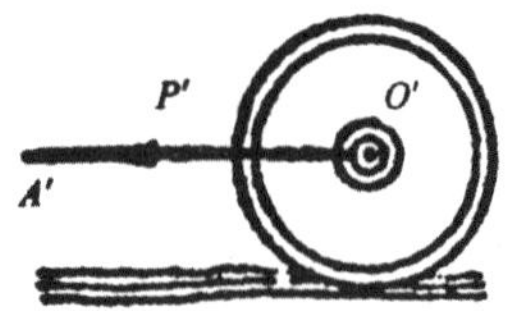

图 82 为什么马车的前轮比后轮小？

机车和轮船的能量用在哪儿了？

根据很多人的常识，机车和轮船把所有的能量都消耗在了自身的运动上。然而实际情况却并非如此，机车只在一开始的$\frac{1}{4}$分钟里，将全部的能量用在了维持它自身以及整列火车的运动中。在其他的时间里，对于在水平轨道上运动的火车而言，机车的能量都用来克服摩擦力和空气阻力了。我们甚至可以说，电车发电厂给电车提供的电能，基本上都被用来加热城市里面的空气了（也就是通过摩擦消耗了电能做功，这些功最终转化成了热能）。如果不存在阻力，火车只需要在一开始的10~20秒钟内得到一个速度，然后它就可以在惯性的作用下沿着轨道一直运动下去，不需要消耗其他任何能量。

我们之前已经知道，物体的匀速运动不需要任何力的参与。自然而然地，这个过程并不消耗任何能量。如果物体在匀速运动时的过程中需要消耗能量，那么这个能量也是用来克服阻碍物体进行匀速运动的障碍。同样的道理，轮船上的大型动力机械就是为了克服水的阻力。物体在水中运动受到的阻力要比在陆地上运动遇到的阻力大得多。除此之外，这个阻力会随着水中物体速度的增加而变大。从理论上说，阻力的大小跟速度的二次方成正比。正是由于这个原因，水中的运输速度无法与陆地上的运输速度相媲美。[①]一名优秀的划手可以很轻松地把小艇划出6千米/小时的速度，但是如果让他把小艇的速度再增加1千米/小时，可能就需要费尽划手全部的力气。如果想让一艘轻型竞赛艇划出20千米/小时的速度，则需要一支训练有素的团队竭尽全力才能做到，而

---

① 这里所指的船只不包括在水中滑行的船只（即所谓的滑翔机），它们很少或根本没有浸入水中，因此受到来自水的阻力很小，滑翔机能够达到相对较高的速度。

且这个团队至少需要 8 名划手。

如果说水的阻力会随着物体运动的速度增加而很快变大，那么水携带的能量也会随着物体速度的增加而很快增大。接下来，我们会对这个问题展开深入讨论。

水流中的石头

大家都知道，河水在流动的过程中会不断地冲刷河岸，并将冲刷下来的碎块带到河床的其他位置。在水流的作用下，石块会在河床上不停翻滚。有时水流甚至会推动大型石块。水的能量是非常惊人的，人们有时候甚至无法想象水流是怎样冲动这些石头的。当然，并不是所有的河流都可以做到这一点。比如，平原上缓慢流动的河流可能只能带走一些很细的沙粒。不过，只要水流的速度稍微变大一些，它携带石块的能力就会大幅提高。如果河水的速度增加到原来的 2 倍，那它可以冲走的就不仅仅是细沙，还有一些大的鹅卵石。如图 83 所示，山涧中的急流比一般河流的速度快 4 倍还要多，它可以带走重达 1 千克甚至更重的鹅卵石。我们该如何解释这个现象呢？

图 83 山涧的急流可以带走石块

我们在这里要提到一个有趣的力学定律，这个定律在水文学中被称为“艾里定律”。“艾里定律”指出：如果水流的速度增加到原来的 n 倍，那么水流可以带走的物体的质量将是原来的 n^6 倍。

“艾里定律”中出现的 6 次方这一比例关系，在我们的生活中很少会遇到。下面让我们来分析一下，为什么会出现这样的比例关系。

为简单起见，我们假设河底有一块边长为 a 的立方体石块。如图 84 所示，水流的压力 F 作用在石块的侧面 S 上。水流的压力 F 想把石块沿轴 AB 翻转过去，但此时石块的重力 P 会反作用于石块本身，阻止石块沿着轴 AB 翻转。根据力学原理，要想保持石块的平衡，石块受到的两个力——力 F 和力 P 对轴 AB 的力矩必须相等。这里的力矩指的是：作用力与它到轴的垂直距离的乘积。

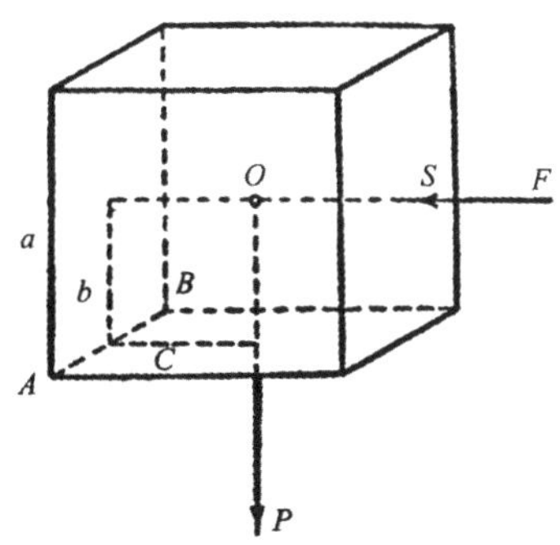

图 84 边长为 a 的正方体石块在水流里受到的作用力示意图

从图中我们可以看出，对于力 F 来说，它的力矩等于 Fb，而对于力 P 来说，它的力矩等于 Pc。因为石块是正方体，所以 $b = c = \frac{a}{2}$。也就是说，要想使石块在河底保持平衡，力 F 的力矩 $F \times \frac{a}{2}$ 要小于或者等于力 P 的力矩 $P \times \frac{a}{2}$，也就是压力 $F \leqslant$ 石块的重力 P。我们知道，$Ft = mv$，其中，t 表示力 F 作用的时间，m 表示在时间段 t 内作用于石块的水流的质量，v 表示水流的速度。

根据流体动力学，我们可以得到下面的关系：在跟水流方向垂直的平面上，水流对它的压力和这个平面的面积成正比，和水流速度的平方也成正比。因为正方体的边长为 a，平面的面积为 a^2。所以，我们可以得出：

$$F = ka^2v^2$$

根据阿基米德原理，我们知道立方体物体在水中的重量为立方体的体积乘以物体的比重之后，减去同体积水的重量，假设石块的比重为 d，我们可以得出下面的等式：

$$P = a^3d - a^3 = a^3(d-1)$$

那么，前面的那个平衡条件 $F \leqslant P$，就可以表示为：

$$ka^2v^2 \leqslant a^3(d-1)$$

化简可得：

$$a \geqslant \frac{kv^2}{(d-1)}$$

也就是说，立方体石块的边长 a 与水流速度 v 的二次方成比例关系，当边长大于这一比例关系时，它才有可能抵抗住水流的冲击。

我们知道方石块的质量与 a^3 成比例，而 $(v^2)^3 = v^6$, 所以水流可以带走的方石块的质量跟水流速度的 6 次方成比例。

这就是艾里定律中的比例关系。在上面的例子中，我们只是针对立方体石块进行了证明。但是实际上，对于任意形状的物体，这个定律都是适用的。我们的结论仅仅是一个近似值，具有一定的参考价值。在现代流体力学中，学者们给出了一个更合理的定义。

让我们再举个例子来证明一下艾里定律：假设有三条河流，第二条河流的水流速度是第一条河流的两倍，第三条河流的水流速度又是第二条河流的两倍。也就是说，三条河流的水流速度是 1 ∶ 2 ∶ 4 的关系。根据艾里定律，这 3 条河流可以带走的石块的质量应该有下面的比例关系：

$$1:2^6:4^6=1:64:4096$$

这也就是不同速度的河流带走的石块重量不同的原因：如果第一条平静的河流可以带走重 $\frac{1}{4}$ 克的沙粒，那么第二条水流速度是它 2 倍的河流就可以带走重 16 克的石子，而第三条水流速度是它 4 倍的河流就可以带走上千克重的大石块。

雨滴下落的速度

火车在雨天行驶的时候，它的车窗玻璃上会出现一些雨滴形成的斜线，这是一个非常有趣的现象。在这个现象里，雨滴的两种运动方式根据平行四边形规则进行了加合。换句话说，雨滴在下落的同时也参与到火车的运动中去了。在图 85 中我们会发现，这两个运动合成之后的运动是直线运动。因为火车的运动是匀速运动，那么根据力学知识，我们不难推测出来，在这种情况下雨滴下落的运动也应该是匀速运动。这个结论似乎不符合我们的“常识”，自由下落的物体怎么可能进行匀速运动呢？这听起来简直太不可思议了。但是，我们这个结论是通过雨滴在玻璃上的流动轨迹得出的，雨滴在车窗上的运动轨迹确实是斜线啊。如果雨滴是加速下落的，那么根据力学原理，玻璃上的雨滴的运动轨迹应该是曲线。而雨滴如果做匀加速运动，则应该在玻璃上形成抛物弧线状的运动轨迹。

图 85 雨滴在车窗上的运动轨迹

事实上，与加速下落的石头不同，雨滴在下落的过程中是匀速下落的。原因在于，雨滴在下落的过程中会受到空气阻力的影响，空气阻力正好抵消了雨滴的重力。如果没有空气阻力影响雨滴的下落，那么对于我们来说，造成的后果可能

会非常严重。形成雨的云通常聚集在1000~2000米的高空，如果雨滴从2000米的高空落下来时，没有受到任何阻力的影响，那么它到达地面的速度将会达到：

这个速度几乎是手枪射出的子弹的速度。尽管雨滴是由水组成的，它的动能

$$v=\sqrt{2gh}=\sqrt{2\times9.8\times2000}\approx200\text{（米/秒）}$$

只有子弹的$\frac{1}{10}$，但是我们可以想象到，速度这么大的“雨弹”射到人身上，还是会感到非常痛。

那么在现实生活中，雨滴落到地面时的速度到底是多少呢？下面，我们就来研究一下这个问题。首先，我们应该弄清楚，下落的雨滴为什么会进行匀速运动。

从空中下落的物体在整个下落过程中都会受到空气阻力的影响，而且空气阻力是不断变化的，随着物体下落速度的增加，空气阻力也会增大。当雨滴刚开始下落时，它的速度很小①，受到的阻力也可以忽略不计。但是随着不断下落，雨滴的速度会不断增加，这时阻碍雨滴下落的空气阻力也不断增大②。在这段时间里，雨滴仍然是加速下落的，但是它的加速度会比自由落体时小一些，然后，随着不断下落，它的加速度会慢慢变小，最后减小到0。从这个时候开始，加速度就消失了，雨滴也将进行匀速运动。与此同时，因为雨滴的速度不再变化，所以雨滴受到的阻力也会保持不变。雨滴会一直保持匀速下落，既不会减速，也不会加速。

也就是说，物体在空气里下落时，会从某个时刻开始进行匀速运动。对于雨滴来说，开始进行匀速运动的时刻要比重一些的物体早一些。通过实验测量雨滴下落时最终的速度，我们会发现雨滴的速度并不大：如果雨滴的重量是0.03毫克，那么它的最终速度是1.7米/秒；如果雨滴的重量是20毫克，那么它的最终速度是7米/秒；即使雨滴的重量是200毫克，它的最终速度也不过只有

① 我们可以举个例子，物体在进行自由落体运动时，前0.1秒仅仅会下降5厘米。

② 在速度为每秒几米到大约每秒200米的情况下，空气阻力的大小与速度的平方成正比。

8 米 / 秒（这个速度也是实验中所发现的雨滴下落的最大速度）。

在进行测量雨滴速度的实验时，我们使用的方法非常巧妙。图 86 中所示的仪器就是用来测量雨滴的。这仪器由两个圆盘组成，两个圆盘上下平行地装在一根竖直的轴上，在上面的圆盘上有一条狭小的扇形缝。我们把这个仪器用雨伞遮住并放到雨中，在让仪器快速旋转之后，我们把伞拿开。这时，穿过狭缝的雨滴就会落到下面圆盘的吸墨纸上。在雨滴穿过上面的狭缝落到下面圆盘的过程中，两个圆盘会继续旋转，所以雨滴落到下面圆盘上的位置并不是上面圆盘中那条狭缝的正下方，而是稍微靠后了一些。举个例子，如果雨滴落在下面那个圆盘的位置，与狭缝正下方的位置之间的距离，占了整个圆周长的 $\frac{1}{20}$；圆盘的转速为每分钟 20 转，两个圆盘之间的高度差是 40 厘米，通过例子中给出的数据，我们就不难求出雨滴下落的速度。

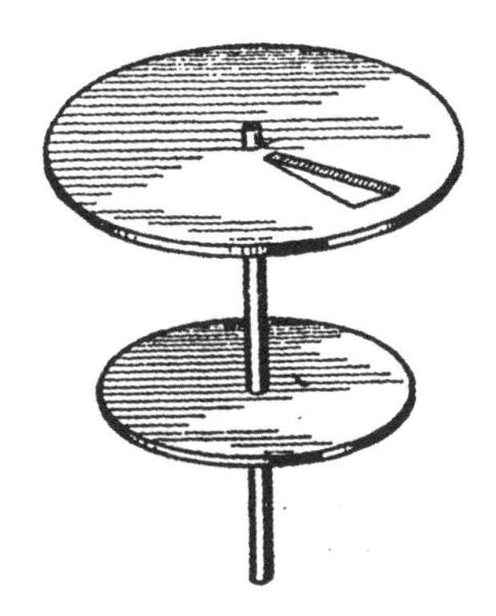

图 86 用来测量雨滴速度的仪器

因为雨滴下落到下面圆盘的位置，与上面圆盘狭缝正下方的位置相比，靠后了整个圆周的 $\frac{1}{20}$，也就是说，在雨滴穿过上面的圆盘与下面圆盘之间距离的过程中，圆盘转动了 $\frac{1}{20}$ 圈，那么雨滴下落或花费的时间，正好是转速为 20 转 / 分钟的圆盘转一周所花时间的 $\frac{1}{20}$，这段时间是：$\frac{1}{20} \div \frac{20}{60} = 0.15$ 秒。

因为两个圆盘之间的距离是 40 厘米，也就是说，在 0.15 秒的时间里，雨滴下落的高度是 0.4 米，所以雨滴的速度就是：$\frac{0.4}{0.15} = 2.6$ 米 / 秒。

这个方法同样适用于测量枪弹射出的速度。

至于题目中雨滴的质量，我们可以根据雨滴在吸墨纸上的湿迹大小计算出来。不过，我们需要事先测量一下，每平方厘米吸墨纸上一共可以吸收多少毫克的水。

通过下面这个图表，我们可以看出雨滴下落的速度与雨滴质量的关系：

雨滴的重量（毫克）	0.03	0.05	0.07	0.1	0.25	3.0	12.4	20
半径（毫米）	0.2	0.23	0.26	0.29	0.39	0.9	1.4	1.7
下落的速度（米/秒）	1.7	2	2.3	2.6	3.3	5.6	6.9	7.1

我们大家都知道，下冰雹的时候，冰雹下落的速度比雨滴大多了。为什么冰雹的速度会比雨滴大呢？或许有人会说，因为冰雹的密度比雨滴大。其实恰恰相反，雨滴的密度要比冰雹大。真正的原因在于，冰雹颗粒的体积要比雨滴大。但是即使是冰雹，它在快下落到地面的时候，也是匀速下落的。

不仅冰雹是这样的，就连从飞机上投下来的榴霰弹（弹体内可装配直径为 1.5 厘米的铅弹）也是如此。榴霰弹在快到达地面的时候，也是匀速下落的，并且接近地面时的下落速度非常小。因此，榴霰弹本身几乎无法造成任何伤害，甚至连软毡帽也击不穿。但是，榴霰弹的弹体内部可以装配很多只铁箭，而从同样高度落下的铁箭却是非常可怕的武器，它甚至完全可以把人体从上到下刺穿。为什么二者之间的差别会这么大呢？这是因为，铁箭每平方厘米截面积上的平均质量要比榴霰弹大多了。炮手通常把每平方厘米截面积上的平均质量称为截面负载，因为铁箭的截面负载比榴霰弹大，所以铁箭更容易克服空气阻力。

重的物体下落得快吗？

物体下落这一种常见的现象，对我们非常有启发。它能够帮助我们看到一些所谓“常识”与科学之间的巨大分歧。不熟悉力学的人相信，重的物体要比轻的物体下落得快。这种观点可以追溯到亚里士多德的时代，并在长达几个世纪的时间内为大家所认同。一直到了 17 世纪，这一观点才被现代物理学的创始人伽利略所驳斥。不得不说，伽利略是一位伟大的自然科学家，他不仅致力于物理学知识的普及，还教给了我们新的思想方法。他指出：

> 我们其实根本不需要做实验，只需要进行非常简单的推理，就可以证明，那些认为较重的物体似乎比同种物质构成的较轻的物体下落得快的说法，是明显错误的……如果我们有两个自然下落速度不同的物体，并且我们将下落速度较快的物体与下落速度较慢的物体连接起来，一起从一个高度扔下去。很明显，下落速度较快的物体的运动，在某种程度上是被迟滞的；而另一个下落速度较慢的物体的运动，在某种程度上是被加快的。如果这是真的，我们不妨再假设这两个物体为两块大小不同的石头，大石头的速度是 8，而小石头的速度是 4，那么当它们连接到一起共同下落时，它们的速度应该比 8 小。但是，当这两个石头连在一起后，它们的质量明显比两块石头中的任何一块石头都大。如果是这样，我们就可以得出这样的推论：较重的物体的下落速度比较轻的物体还要小。显然，这跟前面的假设是矛盾的。而且我们还可以发现，从较重物体下落得比较轻物体快这一说法的观点出发，我们反而可以得出这样的结论：较重的物体下落得更慢。

现在我们都非常清楚：在真空中，所有物体的下落速度都是相同的，而在空气中物体下落的速度之所以不同，是因为物体会受到空气阻力的影响。读到这里，

大家可能会出现新的困惑：既然空气对运动物体的阻力只与物体的尺寸和形状有关，那么如果两个物体的大小和形状都相同，但是质量不同，它们下落的速度是不是应该相同？如果在真空中，它们的速度是相等的，那么在空气阻力的影响下，它们减小的速度也应该相等。比如，同样直径的铁球和木球，它们下落的速度应该是一样的。但是，这个推论很明显不符合现实情况。

这个时候，理论和实践之间好像出现了冲突，我们究竟该如何解释呢？

在第一章中，我们讲到了“风洞实验”，我们在这里借助风洞进行分析。假设有一个竖立的风洞，我们将同样大小的木球和铁球挂在风洞里面，使从风洞下端吹来的气流作用于铁球和木球上。换句话说，我们在风洞中将物体的“下落”运动变成了“上升”运动。那么在这种情况下，哪个球会首先被气流吹走呢？显而易见，虽然作用于这两个球的力量是相等的，但是这两个球得到的加速度是不同的。通过公式 $F = ma$ 我们可以得出，质量较轻的木球得到的加速度会更大一些。如果把这个现象进行还原，就应该是木球在下落的时候落在了铁球的后面。换句话说，在空气中下落时，铁球比同体积的木球下落速度要快。这就解释了为什么炮兵如此重视弹丸的截面负载。

下面再举一个类似的例子。你是否有过站在山上向山下扔石头的经历？如果你玩过这个游戏，你应该会注意到，大石头往往比小石头扔得更远。这个现象解释起来也很简单：在飞行中，大石头和小石头受到的空气阻力是差不多的，但是大石头的动能比较大，与小石头比较起来，大石头更容易克服空气阻力，所以飞得更远。

科学家在计算人造地球卫星的寿命时，会特别注意截面负载的大小。在环绕地球飞行的时候，在其他条件相同的情况下，人造卫星横截面上每平方厘米的质量越大，它能在轨道上停留的时间就越久。因为在这种情况下，空气阻力对卫星运动的影响也会比较小。正是因为这个原因，苏联的第三颗卫星尽管运行轨道与第二颗卫星相差不大，但是由于第三颗卫星的截面负载要大一些，所以它在太空中运行的时间要比第二颗卫星更久一些。

当地球的人造卫星在进入轨道后，会与最后一级火箭进行分离。我们都知道，这个时候运载火箭的最后一级会跟人造卫星一样围绕地球运行。一个有趣的现象是，虽然最初的轨道基本上完全一样，但装有各种仪器的卫星围绕地球旋转的时间总会比运载火箭的最后一级更久一些。其中的原因在于，火箭最后一级的燃料已经用完，它里面是空的，跟装满各种科学仪器的人造卫星相比，火箭最后一级的截面负载要小得多。

人造卫星在飞行的过程中，它的截面负载也不是固定不变的。因为卫星在飞行过程中会毫无规律地“翻筋斗”，所以垂直于运动方向的横截面面积也会不断发生变化。在这种情况下，只有球状的卫星，才能保持截面负载固定不变。因此，观察这类卫星的运动对研究高海拔地区的大气密度特别有帮助。大家都知道，苏联的第一颗人造地球卫星就是球状卫星。

顺流而下的木筏

我相信，对于很多人来说，下面的这一说法——“对于在河面上顺流而下的物体和在空气中下落的物体而言，它们的情形是相近的”，会使他们感到出乎意料。人们普遍认为，河流上的小船如果没有船桨或者船帆，它就会以水流的速度向下游漂流过去。然而，这一观点是错误的。在现实生活中，小船的速度会比水流快一些。而且小船越重，它的运动速度就越快。这个事实对于有经验的船工来说再熟悉不过了，但对于许多物理学家来说却不是。我自己也必须承认，我是最近才了解到这一事实。

下面，让我们详细地研究一下这个“矛盾”现象。第一眼看起来，这个现象让人很难理解。顺流而下的小船，怎么可能拥有比浮载它的水还要快的速度？我们需要注意的是，河水不会像传送带运送零件那样运送船只。因为水面都有一定的倾斜度，所以河流里面的水应该是加速流动的。但是，河里的水会受到河床产生的摩擦力，在摩擦力的作用下，河水做的是匀速运动。很明显，当小船在河里自由滑行的时候，总会在某个时刻，小船的速度超过河水的流速。从这个时刻开始，河水会对小船产生减速的作用，就像空气阻力会影响自由下落的物体一样。由于这个原因，小船最后会得到一个最终速度。漂浮在河流中的物体质量越轻，就会越早达到这个最终速度，而且这个速度也相对较小。反之，漂浮在河流中的物体质量越重，它在水里得到的最终速度也就越大。

经过上面的分析，我们应该可以认识到，从小船上掉下来的桨肯定会落在小船的后面，因为桨比小船轻多了。但是，无论是小船还是船桨，它们的速度都要比水流运动的速度大一些。现实情况确实是这样，而且如果是在急流中，这种现象会更加明显。

我们在这里引述一位旅行家的有趣经历，来更加生动地证明上面的观点。

我到阿尔泰山区进行过一次旅行。我们从比雅河的发源地，也就是捷列茨科耶湖，乘坐木筏顺流而下，一直到达比斯克城。这段旅程一共花了 5 天的时间。在出发之前，有人向老木筏工人提出，我们木筏上乘坐的人太多了。

“没关系，”老木筏工人说，“这样我们的速度会更快。”

“这怎么可能？我们顺流而下，应该跟水流的速度一样呀！”

“不是的，我们的木筏比水流的速度快多了，而且木筏越重跑得越快。”

一开始，我们并不相信老木筏工人的话。在我们出发后，老木筏工人建议我们把一些木片丢到河里。我们照着他的建议做了，然后惊奇地发现，木片很快被我们甩在了后面。

在接下来的漂流过程中，老木筏工人通过实践得出的惊人的结论又得到了证实。

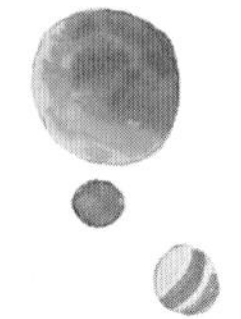

有一次，我们陷入了一个旋涡。在旋涡中打了很多转后，我们才得以从中逃离出来。在我们刚进入旋涡的时候，木筏上面的一把木槌掉到了水中，并很快就沿着旋涡之外的河流漂走了。

“没关系，”老木筏工人说，“我们出了旋涡之后，很快就能追上，因为我们比它重多了。”

虽然我们在旋涡中花费了很长时间，但是老木筏工人的预言却真的实现了。

当漂到另一个地方时，我们看到在我们前面有一排木筏。由于木筏很轻，而且上面没有乘客，不一会儿的工夫，我们就超过了它。

船舵的操纵原理

大家都知道，一个小舵就可以操纵一艘大船的运动，这是为什么呢？

如图 87 所示，在发动机的作用之下，这艘船沿着箭头的方向运动。我们可以不考虑船相对于水的运动，而把船看成是静止的，并且水的流动方向与船的运动方向相反。从图 87 中可以看出，水有一个作用力 P 压到了舵 A 上。在 P 的作用下，船会围绕着重心 C 转动。船只相对于水的速度越大，舵的灵敏性越强。如果船只与水的相对速度为零，那么船舵就无法使船移动起来了。

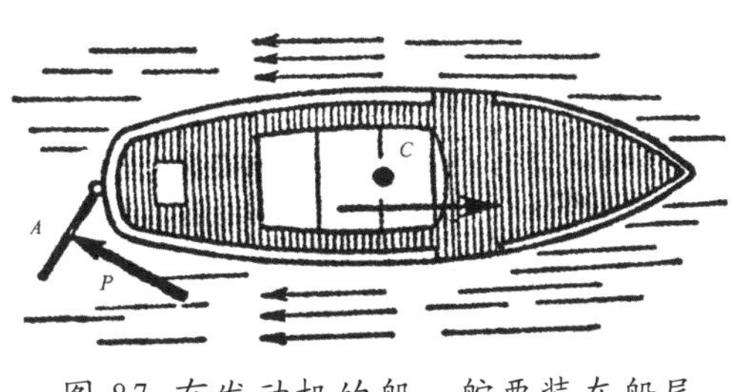

图 87 有发动机的船，舵要装在船尾

让我们来介绍一种曾经在伏尔加河上使用过的巧妙方法，通过这种方法可以操纵没有任何推进力且顺着水流航行的大型平底船。如图 88 所示，图中船的舵 A 装在船头。当船要转弯时，划船的人就在船尾的一条长索上系上重物 B，然后把它丢到河底，让它拖在船的后面。这样一来，就会更加容易操纵大船了。为什么会这样呢？原因很简单，带有重物的平底船的运动速度要比水慢一些，所以水与船的相对运动方向跟船的运动方向是相同的。当平底船上装有发动机，船的速度比水的速度更快时，水才会产生和船运动方向相反的力。因此，平底船的舵必须装在船头，而不能装在船尾，这样才能操作大船。可见，劳动人民的创造力是无穷的。

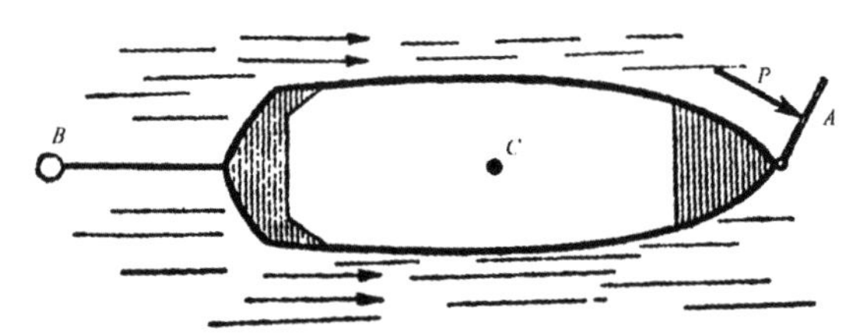

图 88　如果船的行驶速度比水流速度小，舵要装在船头

什么情况下雨水将你淋得更湿？

在本章中，我们谈论了大量关于雨滴下落的问题。因此，在本章快要结束的时候，我想向读者朋友们提出一个问题，这个问题与本章主题没有直接关系，但却与雨滴下落的力学原理密切相关。

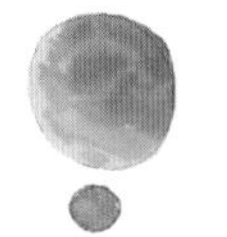

我们将以这道题来结束本章，这道题目看起来非常简单，但在很多方面都很有启发性。

在倾盆大雨中，同样的时间内，哪种情况下会让你的帽子更湿：是站着不动更湿一些，还是在雨中奔跑时更湿一些？

如果我以另外一种形式提出问题，可能问题就会更容易解决。

在倾盆大雨中，在哪种情况下，每秒钟落在车顶的雨水更多：当汽车静止时，还是汽车行驶时？

我把这个问题以两种形式，分别向多个从事力学研究的人士提出，并得到了不同的答案。有些人觉得，在雨里安静地站着时，帽子会湿得少一些；也有些人认为，在雨中快跑的时候，帽子会湿得少一些。那么，究竟谁说的对呢？

让我们对这个题目的第二种问法进行分析。

如图 89 所示，当汽车静止不动时，每秒钟落到车顶的雨水就相当于一个直棱柱形的水柱。从图中可以看出，这个棱柱以车顶为底，以雨滴落下的速度 V 为高。

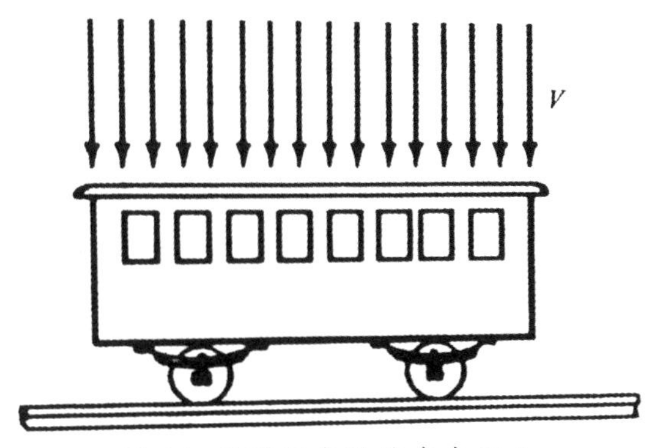

图 89 雨滴竖直地落在车顶上

当汽车行驶时，如果计算落在车顶上的雨水数量，情况就复杂多了。我们不妨这么想：当汽车以速度 C 在路上行驶时，我们可以把汽车看作固定不动的物体，而路正在以速度 C 向相反的方向运动。那么，垂直路面下落的雨滴相对于“固定不动”的汽车来说，一共进行了两种运动：一种是以速度 V 竖直下落，一种是以速度 C 水平运动。雨滴的合成速度 V_1 的方向是倾斜于车顶的。也就是说，对于“固定不动”的车顶来说，雨下落的方向将如图 90 所示那样，是倾斜的。

如图 91 所示，我们可以得出这样的结论：每秒钟里落到行驶着的车顶上的雨水总量是一个倾斜的棱柱体。从图中可以看出，这个倾斜的棱柱体也是以车顶为底的。它的侧棱跟竖直线之间的夹角为 a，而侧棱的长度为 V_1，所以这个倾斜的

棱柱体的高为：

$$V = V_1 \cos \alpha$$

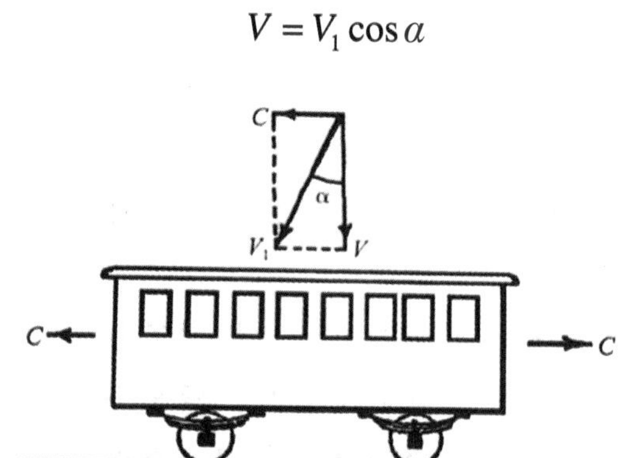

图 90 雨滴倾斜地落在行驶的汽车上

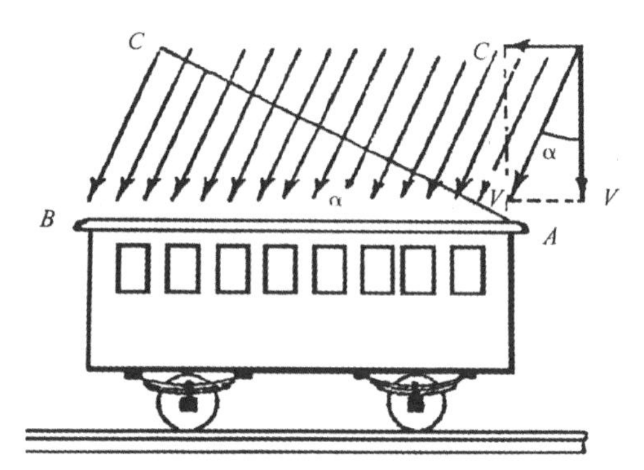

图 91 雨滴落在行驶着的汽车车顶上

在前面的分析中，我们提到了两个棱柱体——一个是直棱柱体，一个是斜棱柱体。虽然它们的形状有差别，但二者具有相同的底和高，所以两个棱柱体的体积也是相等的。这也就意味着，在这两种情况下，总的雨水量是相等的。也就是说，在雨中不管你是半个小时站立不动，还是快速奔跑半个小时，你的帽子被淋湿的程度是完全一样的。

◈第十章◈

自然界中的力学

"格列佛"与"大人国"

当我们在读《格列佛游记》的时候，会发现其中巨人的身高是普通人的 12 倍，这时候有人可能会想，那这些巨人的力量岂不是也是普通人的许多倍。尤其在这部游记中，这些巨人被作者斯威夫特描述得极为强壮有力。但是实际上，这种看法是不科学的，因为它违反了力学原理。我们通过简单的分析就可以发现，实际上，巨人的力量不仅不是普通人的 12 倍，甚至还比普通人弱很多。

让我们拿格列佛和巨人进行一下对比。当两个人同时向上举起右手时，假设格列佛手臂的重力是 p，巨人手臂的重力是 P；格列佛将手臂重心举起的高度为 h，巨人将手臂重心举起的高度为 H。那么，格列佛做功的大小就是 ph，巨人做功的大小就是 PH。下面，让我们来看一下这两个功的关系。巨人的手臂肯定比格列佛的手臂要重，两个人手臂重力之比应该等于它们的体积之比，因为巨人的身高是格列佛的 12 倍，那么巨人胳膊的重力也就是格列佛的 12^3 倍。同样的道理，巨人手臂举起的高度也应该是格列佛手臂的 12 倍。由此，我们可以得到下面的关系：

$$\begin{cases} P = 12^3 \times p \\ H = 12 \times h \end{cases}$$

通过合并等式，我们可以得出：

$$PH = 12^4 \times ph$$

也就是说，如果两个人都把手臂向上举起来，那么巨人做的功应该是格列佛的 12^4 倍。难道巨人真的拥有这么强大的力量吗？为了找到这个问题的答案，我们需要研究一下两个人肌肉力量的对比关系。首先，我们引述《生理学教程》①中的一段文字：

---

① M. 福斯特《生理学教程》。

对于平行纤维的肌肉，举重能够达到的高度与肌肉纤维的长度有关，而能够举起的质量与纤维的数目有关。这是因为，质量分布于各条纤维之上。如果两条肌肉的质地、长度相同，那么截面积越大的肌肉所做的功就越大。如果两条肌肉的截面积相等，那么长度越长的肌肉，它所做的功就越大。如果两条肌肉的长度和截面积都不相同，那么体积越大，它所做的功就越大。

我们将这段话中讲述的内容与我们的问题相结合，就可以很容易地得出下面的结论：因为巨人的肌肉体积是格列佛的 12^3 倍，那么巨人做功的能力是格列佛的 12^3 倍。如果用字母 W 表示巨人的做功能力，用字母 w 表示格列佛的做功能力。那么，它们二者之间的关系就是：

$$W = 12^3 w$$

在上文中我们已经分析过了，巨人和格列佛同时举起手臂的时候，巨人所做的功是格列佛的 12^4 倍。但是在这里我们发现，巨人的做功能力只有格列佛的 12^3 倍。那么，巨人举起手臂的时候要比格列佛困难 12 倍。换句话说，与巨人比起来，格列佛强大了 12 倍。所以，如果要打倒一个巨人，并不需要一支由 1728（也就是 12^3）人组成的军队，只需要一支 144 人的军队就够了。

如果斯威夫特想使自己笔下的巨人跟普通人一样自由运动，那么他就要赋予巨人更加强大的肌肉——应该等于按比例算出的肌肉体积的 12 倍。也就是说，巨人的肌肉应该等于按正常比例算出的肌肉截面积的 $\sqrt{12}$（约等于 3.5）倍。如果巨人的肌肉真的这么粗，那么承载这些肌肉的骨骼也应该相应地变粗。斯威夫特或许没有想到，他笔下的巨人远不如自己描写得那么灵活，而且他们的质量和笨重程度跟河马差不多。

河马为什么这么笨拙？

河马出现在我的脑海中并非巧合。我们通过学习上一节的内容，可以很容易解释河马那庞大的身躯和笨拙的行动能力。在自然界中，不可能存在一种体形巨大却又行动灵活的生物。我们不妨把河马和旅鼠进行一下对比。一般来说，河马的身长在 4 米左右，而旅鼠的身长只有 15 厘米。两种动物身体的外部形状大致相似。但是我们已经了解到，对于几何形状相似但尺寸不同的生物来说，二者的行动能力肯定是完全不同的。

如果河马的肌肉的几何形状与旅鼠的肌肉相似，那么通过计算，我们很容易可以得出，河马肌肉的做功能力与旅鼠肌肉的做功能力之比为：$\frac{15}{400}\approx\frac{1}{27}$，也就是说旅鼠肌肉的做功能力要比河马强大 27 倍。

如果想让河马也像旅鼠那样敏捷，那么河马的肌肉体积就必须等于当前正常比例的 27 倍。这也就意味着，河马的肌肉截面积应该增加到当前的 $\sqrt{27}$ 倍，也就是大约 5.2 倍。为了支撑起这么粗壮的肌肉，河马的骨头也应该按比例加粗这么多倍。通过分析，我们可以理解为什么河马那么笨重、臃肿，并且骨骼那么粗大了。在图 92 中，我们画出了同样尺寸的河马和旅鼠的骨骼和外形，我们可以清晰地看出它们骨头的对比关系。在下面的表格中，我们列出了一些生物的骨骼占自身质量的百分比。我们可以发现这样一条规律，身躯越庞大的生物，它们的骨骼所占的体重比重也越大。

图 92 将河马的骨骼（右图）与旅鼠的骨骼（左图）进行比较。我们将河马的骨头长度缩小到了旅鼠的尺寸，可以发现河马的骨头不成比例的粗大

哺乳类动物与禽类动物骨骼占比对比表

哺乳类动物	骨骼占比（%）	禽类动物	骨骼占比（%）
地鼠	8	戴菊鸟	7
家鼠	8.5	家鸡	12
家兔	9	鹅	13.5
猫	11.5		
狗	14		
人	18		

陆地动物的身体结构

陆地动物身体结构的很多特点都可以从力学的基础定律中找到合理的解释。这条基础定律就是：动物四肢的工作能力与身长的三次方成正比；用来控制它们四肢所消耗的功与身长的四次方成正比。因此，动物的身躯越大，它的肢体，比如脚、翅膀和触角等就会越短。我们只有在最小的陆地动物身上，才能看到长的四肢。大家都熟悉的盲蜘蛛就是这样一种长腿生物。这些现象利用力学定律都能够解释清楚。不过，如果它们的身躯达到了一定的尺寸，比如，像狐狸一样的大小之后，类似的长腿结构就没有了。这是因为，在陆地上它们的脚将支撑不住身体的体重，而且这会使它们的行动变得非常不便。但是在海洋里面，动物的体重可以通过水的浮力进行平衡，所以水生动物也可能长成盲蜘蛛那样的形状，比如深水螃蟹，它的身长只有半米左右，但是脚长达三米。

在一些动物的发育过程中，也体现了这个定律。从比例上来说，成年动物的四肢总是比它初生的时候短一些。也就是说，动物身体的发育速度超过了四肢。正是因为这个原因，动物能够在肌肉与运动所需要的功之间建立起最佳对应关系。

伽利略是第一个研究这些有趣问题的人。在奠定力学基础的《关于两个新科学的对话》一书中，他划分出了“大型动植物”“巨型和海洋动物的骨骼”“水生动物的可能大小”等专题。我们将在本章结尾再次讨论这个问题。

巨兽的命运

现在我们知道了，从力学定律的角度来讲，动物的尺寸是有极限的。动物在拥有巨大身躯的同时，增加了自身的绝对力量。但是与此同时，也会降低自身的灵活性，或者使肌肉与骨骼的比例不对称，而这两种情况都不利于动物寻找食物。这是因为，如果动物的身躯非常庞大，那么它们所需要的食物也会增多；但是由于动物身体的灵活性降低了，它们得到食物的可能性也会随之降低。在动物的身躯大小达到了某个数值之后，它对食物的需求就会超出它找到食物的能力范围，这将不可避免地造成动物灭亡。关于这一点，我们可以从古代的巨型动物中找到

例证，这些巨型动物一个接一个地告别生命“舞台”。这些大自然所创造的巨型生物中，能存活到现在的已经非常稀少了。如图 93 所示，这是曾经生活在地球上的最大的爬行动物——恐龙，它们的生存能力非常低。这些巨大的生物之所以会灭亡，原因有很多，其中最为重要的一个原因就是前面提到的力学定律。不过，这些巨大的生物并不包括鲸鱼，因为鲸鱼是生活在水里面的，所以它的体重会被水的浮力平衡掉，这时，前面的定律就不适用了。

图 93 将远古时代的巨兽放到现代化都市的街道上

既然如此，我们可能又会产生新的疑问：如果巨大的尺寸对动物的生存如此不利，那动物为什么不进化得越来越小呢？原因在于，虽然在一定的比例之下，巨型动物比微型动物要弱小一些，但从绝对力量上来看，巨型动物还是比微型动物要强有力多了。让我们再以《格列佛游记》中的巨人为例。我们通过分析已经知道，虽然巨人向上举起手臂的时候比普通人困难 12 倍，但是他们可以举起的质量是普通人的 1728 倍。如果将这个质量除以 12，我们可以得出巨人的肌肉可以支持的质量。显然，这个质量差不多是普通人能够举起重量的 144 倍。所以，如果两个动物进行打斗，体形大一些的动物还是有很大优势的。不过，虽然体形巨大的动物在打斗中占据优势，但是在寻找食物等方面却可能陷入绝境。

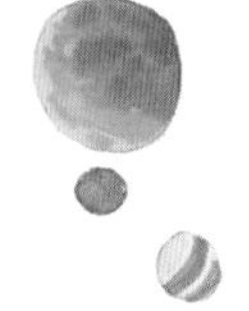

人和跳蚤哪个更擅长跳跃？

跳蚤的跳跃能力让很多人感到吃惊：一只身长只有几毫米的跳蚤，跳起来的高度为 40 厘米，比它身长的 100 倍还要多。于是可能会有人说：人类的跳跃能力和跳蚤差太多了，如果人类拥有跳蚤那样惊人的跳跃能力，那一个身高 170 厘米的人就可以跳到自身身高 100 倍的高度，也就是 1.7 × 100 = 170 米。如图 94 所示：

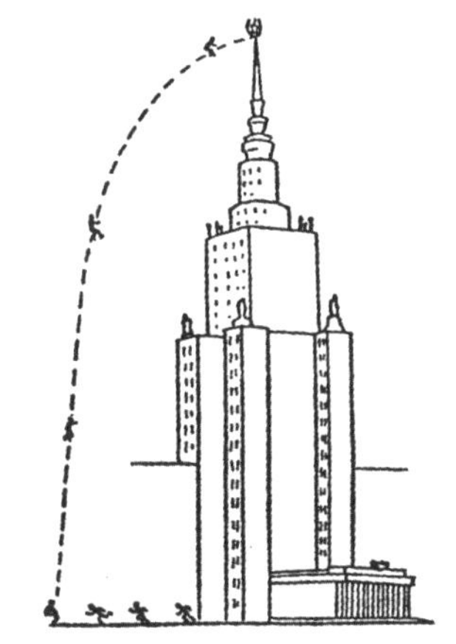

图 94 如果人跳得像跳蚤那样高

事实真的是这样吗？其实不是的，我们通过力学计算就可以为人类恢复“声誉”。为方便讨论，我们假设人的身体和跳蚤具有相似的几何形状。如果用 p 表示一只跳蚤的重力，用 h 表示它能跳到的高度，那么跳蚤跳起来的时候所做的功就是 ph。如果用 P 表示人的重力，H 表示人的跳跃高度（重心升高的高度），那么人跳起来的时候做的功就是 PH。因为我们的身长大约是跳蚤的 300 倍，我们的重力就是 300^3p，我们跳起来所做的功就是 300^3pH。这个值与跳蚤所做的功的关系是：

$$\frac{300^3 pH}{ph} = 300^3 \frac{H}{h}$$

也就是说，在做功的能力上，人类是跳蚤的 300^3 倍。如果是这样的话，我们人类能够做功的大小，至少是跳蚤所做的功的 300^3 倍。如果我们假设：

$$\frac{\text{人做的功}}{\text{跳蚤做的功}}=300^3$$

然后把之前的表达式代入，可以得出：

$$300^3\frac{H}{h}=300^3$$

可得：

$$H=h$$

通过计算我们可以看出，从跳跃能力的角度来说，只要人能够使自己的重心升高到与跳蚤跳起的高度相等的距离，也就是 40 厘米，就可以与跳蚤的跳跃能力相媲美了。显然，我们很容易就可以跳到这个高度。所以，在跳跃能力这一方面，我们并不比跳蚤差。

如果上面的计算还不足以让你信服，那么请注意这样一个事实：由于跳蚤自身的体重很小，所以当跳蚤跳起 40 厘米高度的时候，它提升起来的重力是微不足道的；而人类在跳起到同样的高度时，提升起来的重力是它的 300^3，也就是 27000000 倍。换句话说，如果 2700 万只跳蚤一起跳跃，它们提升起来的总重力才跟一个人差不多。一个人跳跃的时候做的功，相当于 2700 万只跳蚤大军一起进行跳跃做的功。这种情况下再进行比较的话，我们会发现人比跳蚤厉害多了：因为人可以跳起的高度比 40 厘米高多了。

现在大家都明白了，为什么身体尺寸越小的动物，它们的跳跃高度越大。如果我们将跳跃机能相同（后肢发力跳跃）的动物与它们各自的身体大小进行比较，就可以得到下面的结果：

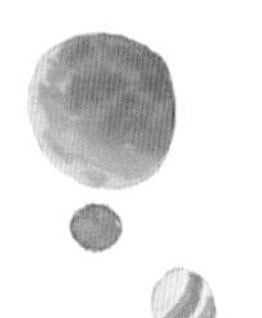

· 老鼠跳起的高度是身长的 5 倍。

· 跳鼠跳起的高度是身长的 15 倍。

· 蚱蜢跳起的高度是身长的 30 倍。

哪种动物更擅长飞行？

如果我们想准确地比较各种动物的飞行能力，我们需要注意一点：扑打翅膀是为了克服空气的阻力。在翅膀的运动速度相等的情况下，翅膀克服空气阻力的能力就只跟它的面积大小有关系。对于不同尺寸的动物来说，翅膀的面积与它的身长的二次方成正比；翅膀所能支撑起的动物体重与它的身长的三次方成正比。所以，动物翅膀上每平方厘米面积上的负载会随着动物体积增大而成比例增加。在《格列佛游记》中，巨人国的巨鹰翅膀上每平方厘米面积所承受的负载是普通鹰的12倍。如果将它们与小人国里只能够承受普通鹰的$\frac{1}{12}$负载的鹰比较，它们就显得非常低能了。

为了继续讨论常见的普通飞行动物，我们在下表中列出了几种飞行动物翅膀上每平方厘米面积所承受的负载（括弧中的数字表示动物的体重，单位是克）。

昆虫类	
蜻蜓（0.9）	0.04克
蚕蛾（2）	0.1克
鸟类	
岸燕（20）	0.14克
鹰（260）	0.38克
鹫（5000）	0.63克

从上表中我们可以看出：体重越大的飞行动物，它们翅膀上每平方厘米面积所能承受的负载也越大。大家都清楚，对于鸟类来说，它们的身体尺寸有一个极限值，一旦超过了这个极限值，它们的翅膀就无法支撑起自身的体重了。这就是为什么体型最大的鸟类却不具有飞行能力。如图 95 所示，这些都是鸟类世界的巨人，它们分别是一人高的食火鸡、2.5 米高的鸵鸟，以及已经灭绝了的 5 米高的马达加斯加隆鸟[①]，它们都失去了飞行的能力。这些巨型鸟的古老祖先是可以飞行的，但是由于缺乏锻炼逐渐丧失了飞行能力，与此同时，它们的身高却在不断增大。

图 95 食火鸡、鸵鸟和马达加斯加隆鸟

什么动物能从高处安全落下？

昆虫类动物从高处落下来时，身体不会受到任何损伤。但是，我们人类却无法从同样的高度安全跳下来。在被其他动物追逐的时候，昆虫经常从很高的树枝

① 根据最新研究发现，13 世纪初地球上还有隆鸟的生活痕迹。

上跳下来，并且能毫发无损地落到地面上。这种现象我们应该怎么解释呢?

原因在于，体积很小的动物在碰到障碍时，整个身体可以马上停止运动，它们身体的一部分不会压到另一部分上面。但是，当体形巨大的动物从高处落下时，就是另一种情形了。在大型动物碰到障碍物之后，它接触到障碍的一部分身体就会停止运动，但是另一部分身体却仍然在继续运动，这就会使身体内接触到障碍的一部分受到来自另外一部分身体的强大压力。正是这个来自身体另外一部分的压力，给巨型动物造成了致命的“冲击”。如果小人国的 1728 个小人像散开的雨滴一样，从树上一个个地跳下来，他们可能只受到很小的伤害。但是如果他们抱成一团一起跳下来，那么上面的人肯定会把下面的人压伤。而一个普通人的身高正好跟 1728 个小人加起来差不多。另外，体积较小的动物在落下时，之所以不会受到损伤，还有另一个原因，那就是它们身体各个部分更为灵活。比如，很纤薄的杆子或板在力的作用下就很容易弯曲。昆虫身体的尺寸大小仅为一些大型哺乳类动物的几百分之一，而根据弹性公式，在受到同样的碰撞时，昆虫身体的各个部分会比大型哺乳类动物更容易弯曲。我们大家都知道，如果冲击力被消耗的距离长了 100 倍，那么冲击的破坏力也会削弱为原本的 $\frac{1}{100}$。

树木为什么无法长到天上去？

在德国流传着这样一句谚语：“大自然很关心大树，不让大树长到天上去。”让我们来一起看看，大自然究竟是怎么关心大树的。

假如有这样一棵大树，它的树干可以牢牢地支撑着自身的重量。现在，我们让它的长度和直径都增大到原来的 100 倍。这样一来，树干的体积和质量都变成

了原来的 100^3 倍，也就是 1000000 倍。我们知道，树干的抗压能力取决于它的截面积，所以树干的抗压能力只增到原来的 100^2 倍，也就是 10000 倍。因此，树干每平方厘米截面上受到的负载就是原来的 100 倍。很明显，如果大树树干的几何形状保持不变，而树干变得这么高之后，大树就会被自己的重量压倒。所以，如果高大的树木想保持完好无损，就必须使得树干变得特别粗，它的粗细与高度的比值会比矮的树木的相应比值大很多①。但是，树干变粗的同时也会导致树的质量增加，这样又会增加树干的负载。也就是说，大树的高度是有一定极限的，如果超过了这个极限值，树干就会被压坏。这才是“不让大树长到天上去”的真正原因。

其实，看起来弱不禁风的麦秆却拥有着惊人的强度。举个例子，可以长高到 1.5 米的黑麦，麦秆的直径只有 3 毫米。在所有的建筑物中，烟囱可能是我们能见到的最细最高的建筑了。平均直径只有 5.5 米的烟囱高度可以达到 140 米，也就是说，其高度是直径的 26 倍。但是，这依然与黑麦的麦秆差远了，黑麦麦秆的高度是直径的 500 倍。当然，我们绝不能因此断定说，大自然产物的完美程度是人类的发明创造无法比拟的。通过计算我们可以得出（由于计算比较复杂，我们在这里将不再展开），如果大自然想按照黑麦麦秆的粗细和高度比例创造出一个高 140 米的管子，那么管子的直径也要达到 3 米左右，才能拥有跟黑麦的麦秆一样的强度（如图 96 所示）。这样比较起来，大自然的产物与人类利用科学技术建造的结果相差也不大。

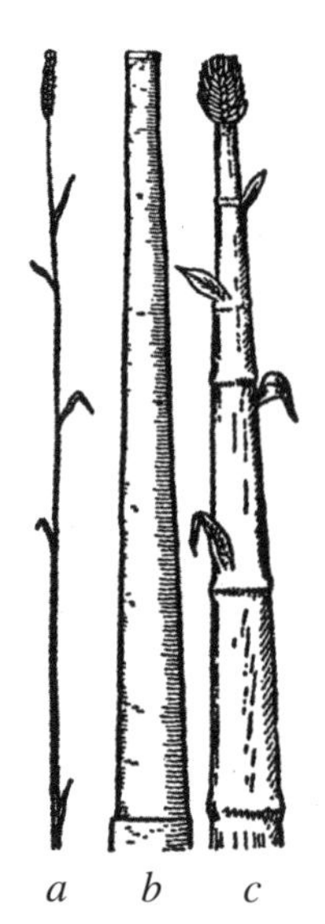

图 96 *a* 是黑麦麦秆；*b* 是工厂的烟囱；*c* 是假想的 140 米高的麦秆

我们从很多例子中可以看到，植物粗细的增大与自身高度的增加，并不是成一定的比例关系的。一根高 1.5 米的黑麦麦秆，它的长度是粗细的 500 倍；一根

① 有一种情况除外，那就是躯干逐渐变细，具有所谓的“等阻力棒”形状。

高度为 30 米的竹竿，它的长度为粗细的 130 倍；一棵高度为 40 米的松树，它的高度是粗细的 42 倍；而对于一棵高度为 130 米的桉树来说，它的高度仅仅为粗细的 28 倍……

伽利略对于“巨型”的分析

在本书的最后，我将摘录力学奠基者伽利略的代表作《关于托勒密和哥白尼两大世界体系的对话》一书中的部分内容，作为本书的结尾。

萨尔维阿蒂：我们可以清楚地看到，无论是对于人类的技术，还是对于大自然本身来说，都不可能无限地增加所创造出的物体尺寸。因此，人类不可能建造出巨型的船只、宫殿以及庙宇，因为无法保证它们的桨、桅杆、梁或者铁箍，以及其他部分都可以牢固地支撑起自身的质量。与此同时，大自然中也不可能存在尺寸大小不成比例的树木，因为树上的枝干会因为自身重力过大，而从树上断裂落下。同样的道理，也不可能存在巨型的人骨、马骨或者其他骨骼，因为这些骨骼无法在支撑起人、马等肉体重量的同时，还能正常发挥骨骼应有的作用。如果动物想拥有巨大的身躯，那么它们的骨骼要么比普通的骨骼坚硬很多倍，或者变得尤为粗大。但是如果动物的骨骼变得出奇粗大，动物在构造和形状上会让人觉得特别肥大。一位聪明的诗人——阿利渥斯妥，就敏锐地发现了这一点，他在《狂暴的罗德兰》中这样描写巨人：

他身材高大，但四肢格外粗壮，这使得他看起来像个怪物。

让我们通过一个例子，即图 97 中的骨头图片，来证明刚才所说的内容：图中

大骨头的长度是小骨头的 3 倍，与此同时，大骨头的粗细也是小骨头的 3 倍，因为只有大骨头和小骨头的长短与粗细的比例一致，大骨头才能像小骨头那样维持巨型动物身体的质量。但是，通过图片可以看出来，这样粗大的骨头看起来非常不协调。通过这个例子我们应该认识到，如果想让巨人的巨型身体与普通人的肢体比例相差不大，就需要另一种材质的骨头，这种骨头的材质应该既轻便又坚固，否则巨人身体的强度就会比普通人的身体小得多。如果把身体的尺寸加大，巨人的身体将会被自身重量压垮。反之，则是另一种情形。如果我们把身体的尺寸缩小，身体（骨骼）的密度不但不会成比例减弱，还会成比例提高。所以我们可以认为，一只小狗完全可以背得动两三只同等大小的狗，但是，一匹马却不一定能够背得起一匹同样大小的马。

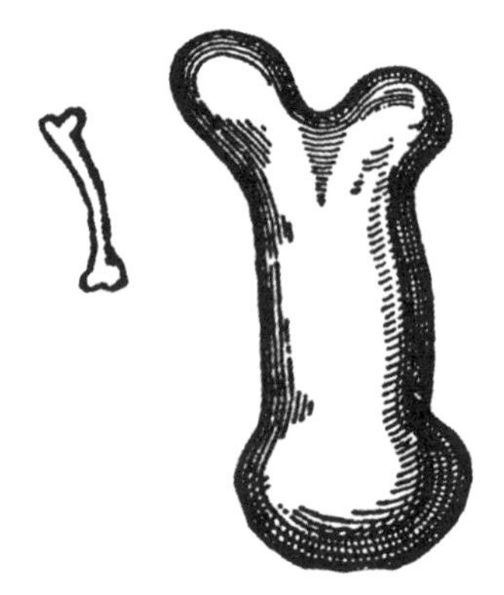

图 97 大骨头的长度是小骨头的 3 倍时，大骨头的粗细也应该为小骨头的 3 倍。

辛普利丘：我有足够的理由怀疑您刚才所说的这些话是否正确。鱼类中有很多都身躯巨大，比如鲸鱼[①]。如果我没有记错，鲸鱼身体的尺寸大概相当于 10 头巨象，但是它的骨头依然可以支撑起它的身躯！

萨尔维阿蒂：辛普利丘先生，您的怀疑提醒了我，我刚才漏掉了一个条件。在这个条件里面，巨人以及其他的巨型动物都可以生存，而且他们的行动很敏捷，一点儿也不比体积小的动物差。这个条件就是：与其通过增加骨头和身体其他部分的粗细和强度来支撑起自身的质量，不如保持身体的构造和比例不变，

① 在伽利略时代，鲸鱼被认为是一种鱼。实际上，鲸鱼是一种用肺呼吸的哺乳动物。所以这里可以学到另一个知识，鲸鱼是一种水生动物。

转而减轻骨头和身体其他部分的质量。大自然正是按照这个思路创造出了鱼类，而且大自然不是把鱼类的体重变得更轻，而是把鱼类的重力变没了。

辛普利丘：我非常清楚您在说什么，萨尔维阿蒂先生。您是想说，因为鱼类生活在水中，而水自身的浮力抵消了水中物体的重力，所以使鱼类在水里的重力消失了。所以鱼类在不需要自身骨头支撑的情况下，也能够承受自身的重力。但是，我觉得这还不够，因为虽然我们可以认为鱼类的骨头并没有承受自身的重力，但是构成骨头的物质仍然有质量。有什么方法能够证明，鲸鱼那一根根像粗梁一样的肋骨没有任何质量，又如何证明鲸鱼不会沉到海里去呢？如果按照您的说法，那在大自然中就不应该存在体形如此大的身体。

萨尔维阿蒂：为了更好地反驳您的理论，请允许我先向您提问一个问题——您是否在平静的死水中，看到过既不下沉也不浮起的一动不动的鱼？

辛普利丘：这是大家都知道的现象。

萨尔维阿蒂：如果鱼可以一动不动地停在水里面，那么这就可以毫无疑问地证明，鱼类的整个身躯与水的比重是相等的。我们都知道，鱼身体的某些部分的比重是比水大的，那么就可以得出结论——鱼身体的某些部分的比重一定要比水小。因为只有这样，鱼在水中才能保持平衡。因为骨头是最重的，比重肯定比水大，那么鱼肉或者它其他器官的比重就比水小，正是这些比较轻的部分平衡了骨头的重力。而陆生动物的情况正好跟水生动物相反。因为对于陆生动物来说，它们是用骨头来承受骨头和肌肉重力的；而对于水生动物来说，它们除了用肌肉承受肌肉重力外，还要承受骨头的重力。所以我们说，巨型动物无法生存在陆上或者空中，却可以生活在水中，这一现象是不足为奇的。

沙格列陀：我非常赞同萨尔维阿蒂先生的分析，以及他对这个问题的解答。我听了之后认为，如果我们把一条巨型鱼拖到岸上，那么这条鱼不会坚持太久，因为它的骨头之间的联系很快就会断裂，整个身体也会很快垮掉[1]，它的生命根本维持不了多久。

---

① 参见佩雷尔曼的《生活处处有物理》，其中有一篇关于这个问题的文章——《为什么鲸鱼生活在海里？》。

图书在版编目（CIP）数据

趣味力学 / (苏) 雅科夫・伊西达洛维奇・别莱利曼著 ; 王鑫淼译. -- 北京 : 中国致公出版社, 2022
(少年知道)

ISBN 978-7-5145-1918-1

Ⅰ. ①趣… Ⅱ. ①雅… ②王… Ⅲ. ①力学—青少年读物 Ⅳ. ①03-49

中国版本图书馆CIP数据核字(2022)第025928号

趣味力学 / ［苏］雅科夫・伊西达洛维奇・别莱利曼 著；王鑫淼 译
QUWEI LIXUE

出　　版 中国致公出版社
（北京市朝阳区八里庄西里100号住邦2000大厦1号楼西区21层）
出　　品 湖北知音动漫有限公司
（武汉市东湖路179号）
发　　行 中国致公出版社（010-66121708）
作品企划 知音动漫图书・文艺坊
责任编辑 许子楷
责任校对 邓新蓉
装帧设计 秦天明
责任印制 程　磊
印　　刷 武汉精一佳印刷有限公司
版　　次 2022年5月第1版
印　　次 2022年5月第1次印刷
开　　本 710 mm × 1000 mm　1/16
印　　张 13.75
字　　数 185千字
书　　号 ISBN 978-7-5145-1918-1
定　　价 29.80元

$W = Fs\cos\alpha$

$v_t^2 - v_0^2 = 2gh$

$h = \frac{gt^2}{2}$

$W = Fs\cos\alpha$

$\frac{Gm_1m_2}{r^2} = F$

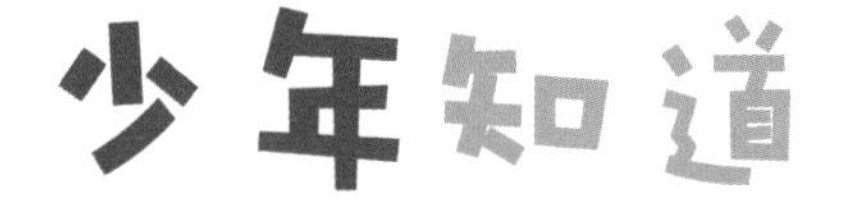

全世界都是你的课堂

小学生彩绘版 / 题解版 / 思维导图版

《爷爷的爷爷哪里来》	小学生彩绘版	贾兰坡 / 著
《书的故事》	小学生彩绘版	[苏] 伊林 / 著　王鑫淼 / 译
《高士其科普童话故事》	小学生彩绘版	高士其 / 著
《给孩子的数学故事》	经典题详解版	周远方 / 著
《给孩子的音乐故事》	古典音乐原声版	田可文 / 著
《孔子的故事》	小学生彩绘版	李长之 / 著
《居里夫人的故事》	小学生彩绘版	[英] 埃列娜 · 杜尔利 / 著　杨柳 / 译
《雷锋的故事》	小学生彩绘版	杜蕾 / 编著
《少年思维导图》	小学生图解版	尚阳 / 著
《希腊神话与英雄传说》	小学生思维导图版	[德] 古斯塔夫 · 施瓦布 / 著　高中甫 / 译
《物种起源》	小学生图解版	[英] 查尔斯 · 达尔文 / 著　任辉 / 编著
《十万个为什么：屋内旅行记》	小学生彩绘版	[苏] 米 · 伊林 / 著　王鑫淼 / 译
《小灵通漫游未来》	小学生彩绘版	叶永烈 / 著
《元素的故事》	小学生彩绘版	[苏] 依 · 尼查叶夫 / 著　滕砥平 / 译
《穿过地平线》	小学生思维导图版	李四光 / 著

初中生彩绘版 / 实验版 / 思维导图版

《李白》	初中生彩绘版	李长之 / 著
《趣味物理学 1》	初中生实验版	[苏] 雅科夫 · 伊西达洛维奇 · 别莱利曼 / 著 王鑫淼 / 译
《趣味物理学 2》	初中生实验版	[苏] 雅科夫 · 伊西达洛维奇 · 别莱利曼 / 著 王鑫淼 / 译
《上下五千年》	初中生思维导图版	吕思勉 / 著
《趣味物理实验》	初中生彩绘版	[苏] 雅科夫 · 伊西达洛维奇 · 别莱利曼 / 著 王鑫淼 / 译
《趣味力学》	初中生彩绘版	[苏] 雅科夫 · 伊西达洛维奇 · 别莱利曼 / 著 王鑫淼 / 译
《极简趣味化学史》	初中生彩绘版	叶永烈 / 著